Leitfäden der Informatik

Herausgegeben von

Prof. Dr. Hans-Jürgen Appelrath, Oldenburg
Prof. Dr. Volker Claus, Stuttgart
Prof. Dr. Günter Hotz, Saarbrücken
Prof. Dr. Lutz Richter, Zürich
Prof. Dr. Wolffried Stucky, Karlsruhe
Prof. Dr. Klaus Waldschmidt, Frankfurt

Die Leitfäden der Informatik behandeln

- Themen aus der Theoretischen, Praktischen und Technischen Informatik entsprechend dem aktuellen Stand der Wissenschaft in einer systematischen und fundierten Darstellung des jeweiligen Gebietes.
- Methoden und Ergebnisse der Informatik, aufgearbeitet und dargestellt aus Sicht der Anwendungen in einer für Anwender verständlichen, exakten und präzisen Form.

Die Bände der Reihe wenden sich zum einen als Grundlage und Ergänzung zu Vorlesungen der Informatik an Studierende und Lehrende in Informatik-Studiengängen an Hochschulen, zum anderen an „Praktiker“, die sich einen Überblick über die Anwendungen der Informatik(-Methoden) verschaffen wollen; sie dienen aber auch in Wirtschaft, Industrie und Verwaltung tätigen Informatikern und Informatikerinnen zur Fortbildung in praxisrelevanten Fragestellungen ihres Faches.

Leitfäden der Informatik

A. Schmitt / O. Deussen / M. Kreeb
Einführung in graphisch-geometrische Algorithmen

Einführung in graphisch-geometrische Algorithmen

Von Prof. Dr. rer. nat. Alfred Schmitt
Oliver Deussen
Marion Kreeb
Universität Karlsruhe

Springer Fachmedien Wiesbaden GmbH 1996

Prof. Dr. rer. nat. Alfred A. Schmitt

Geboren 1938 in Körprich (Saarland), Studium der Mathematik und Physik von 1959 bis 1964 an der Universität des Saarlandes. Von 1964 bis 1972 wiss. Assistent, zunächst an der TH Hannover, dann an der Universität Erlangen-Nürnberg. 1966 Promotion in Hannover, 1971 Habilitation (Informatik) in Erlangen. Seit 1972 o. Professor für Informatik an der Universität Karlsruhe im Institut für Betriebs- und Dialogsysteme. Arbeitsgebiete während der wissenschaftlichen Karriere waren mehrere Teilgebiete der Informatik: Automatentheorie, Künstliche Intelligenz, Rechnergestützter Unterricht, Mensch-Maschine-Dialog. In den letzten 15 Jahren intensive Beschäftigung mit der Graphischen Datenverarbeitung mit besonderer Beachtung schneller Algorithmen für komplexe Probleme wie Hidden Line Removal und Visible Surface Reporting. 1983 Entwicklung der Karlsruher Raytracing Software VERA, Leitung einer größeren Zahl von Forschungsprojekten im Umfeld der Graphischen Datenverarbeitung.

Dipl.-Inform. Oliver Deussen

Geboren 1966 in München, Studium der Informatik von 1986 bis 1991 an der Universität Karlsruhe mit den Schwerpunkten graphische Datenverarbeitung und digitale Bildverarbeitung. Seit 1991 wiss. Angestellter am Institut für Betriebs- und Dialogsysteme der Universität Karlsruhe. Interessensgebiete sind graphische Simulation, Computational Geometry und graphische Benutzungsoberflächen.

Cand.-Inform. Marion Kreeb

Geboren 1969 in Neuenbürg/Enz-Kreis, Studium der Informatik von 1988 bis 1996 an der Universität Karlsruhe mit den Schwerpunkten graphische Datenverarbeitung und Architektur.

Die Deutsche Bibliothek – CIP-Einheitsaufnahme

Schmitt, Alfred:
Einführung in graphisch-geometrische Algorithmen / von
Alfred Schmitt ; Oliver Deussen ; Marion Kreeb.
(Leitfäden der Informatik)
ISBN 978-3-519-02147-6 ISBN 978-3-663-09886-7 (eBook)
DOI 10.1007/978-3-663-09886-7
NE: Deussen, Oliver:; Kreeb, Marion:

Ursprünglich erschienen bei B. G. Teubner Stuttgart 1996

Gesamtherstellung: Zechnersche Buchdruckerei GmbH, Speyer
Einband: Peter Pfitz, Stuttgart

Vorwort

Was tut man, wenn die Resonanz auf eine Vorlesung ein überaus starkes Interesse am Stoffgebiet erkennen läßt? Man schreibt ein Buch darüber. So auch in diesem Fall, in dem eine an der Universität Karlsruhe gehaltene Vorlesung Grundlage und Motivation bildete.

In der vorliegenden Form richtet sich das Buch an Studenten der Informatik, der Mathematik und der Ingenieurwissenschaften, die mit algorithmischen Problemen der graphischen Datenverarbeitung konfrontiert sind. Allerdings ist dies kein Buch für Einsteiger, sondern eher für Leser mit Grundkenntnissen in der Computergraphik.

Es wird eine kompakte und komplexitätsorientierte Darstellung von Algorithmen und Datenstrukturen gegeben, ohne auf wichtige Grundlagen und Analysemethoden zu verzichten.

Wir hoffen, daß der Leser durch dieses Buch ein Hilfsmittel zur kompetenten Beurteilung graphisch-geometrischer Probleme erhält und überdies Gefallen an der Vielfalt von Fragestellungen und Lösungsverfahren findet.

Die Autoren danken an dieser Stelle Herrn Prof. Dr. Heinrich Müller, der während seiner Tätigkeit an der Universität Karlsruhe eine Urversion des Lehrmaterials schuf, sowie Frau Sonja Klingert und allen Studenten, die bei der Korrektur halfen.

Karlsruhe, im März 1996

Alfred Schmitt
Oliver Deussen
Marion Kreeb

Inhaltsverzeichnis

1 Analyse graphisch-geometrischer Probleme und Algorithmen

Beim Entwurf und bei der Effizienz-Untersuchung komplexer Algorithmen der graphischen Datenverarbeitung wurden in den späten siebziger Jahren große Fortschritte erzielt.

Die drei frühen Veröffentlichungen von Shamos und Hoey [Sha75, SH75, SH76] haben eine Welle fruchtbarer Forschungen ausgelöst und schließlich zu einem neuen Forschungsgebiet geführt, dem der Name *Computational Geometry* gegeben wurde.

Davon hat auch die Graphische Datenverarbeitung profitiert, denn das Wissen über asymptotisch schnelle Algorithmen wurde im Zuge dieser Forschungsaktivitäten stark erweitert. Auch haben geometrische Problemstellungen und Algorithmen Einzug in viele Bücher über Algorithmentechnik gefunden, da sich hiermit die behandelten Fragestellungen gut veranschaulichen lassen.

Als Entwickler von graphischer Software sollte man die wichtigsten Resultate und Techniken - quasi als Hintergrundwissen - beherrschen, um die für die Implementierung vorgesehenen Algorithmen kompetent beurteilen und auswählen zu können.

In diesem Buch beschränken wir uns auf die wichtigsten Ergebnisse und Verfahren und wollen vor allem auch dem praktisch arbeitenden Informatiker eine Reihe von Techniken vorstellen, die gelegentlich sehr nützlich sein können.

Im Vordergrund stehen Probleme mit stückweise linearen Strukturen, wie etwa Punkten, Dreiecken, Polygonen sowie Punkt- und Streckenansammlungen. Kurven und gekrümmte Flächen werden nicht behandelt, dazu sei auf die inzwischen sehr vielfältige Literatur zu diesem Thema verwiesen ([Far88, BFK84, BP94]).

Typisch für die uns bevorzugt interessierenden Probleme sind Ansammlungen von oft vielen tausend Elementarobjekten in der Ebene bzw. im Raum, die durch karthesische Koordinaten beschrieben werden.

Ist die Zahl der beteiligten Punkte, Strecken, usw. ausreichend groß, so kann bei ungünstiger Wahl eines Algorithmus die von der Objektanzahl n abhängende Rechenzeit $T_{max}(n)$ stark steigen, und die sorgfältige Auswahl eines schnelleren Algorithmus mit eventuell höherer Programmkomplexität kann notwendig werden.

1.1 Problemspezifikation

Der Klarheit und Übersichtlichkeit halber werden im folgenden die Probleme und Aufgabenstellungen in einem relativ starren Gegeben-Gesucht-Schema spezifiziert. Diese Vorgehensweise hat gerade im Bereich der graphischen Algorithmen Vorteile, da kleine Unterschiede in der Aufgabenstellung zu ganz anderen Lösungsansätzen führen können. Zwei Beispiele sollen dies verdeutlichen:

Gegeben:

Eine feste Menge M von n Punkten im $\mathbb{R}^2$.

Gesucht:

a) Für viele Punkte q_i jeweils der nächste Nachbar (bzgl. Euklidischem Abstandsmaß) in M.
   (Die Anfragepunkte q sind nacheinander abzuarbeiten und sind bei der Vorverarbeitung von M noch unbekannt.)

b) Für einen Punkt q der nächste Nachbar in M.
   (Nur genau ein Anfragepunkt.)

c) Zu jedem Punkt $p \in M$ der jeweils nächste Nachbar in M.

d) Zu jedem Punkt $p \in M$ die jeweils k nächsten Nachbarn in M, mit einer ebenfalls fest vorgegebenen Konstanten k.

e) Zu einer gegebenen Menge $Q \subset \mathbb{R}^2$ von Anfragepunkten $q_1, q_2, ..., q_k$ (simultan) der jeweils nächste Nachbar in M.

Eine etwas abgewandelte Aufgabenstellung könnte lauten:

Gegeben:

Eine Menge M von Punkten im $\mathbb{R}^2$.

Gesucht:

Eine effiziente Datenstruktur, die es erlaubt, folgende Operationen in beliebiger Reihenfolge und Anzahl nacheinander auszuführen:

1. Erweitere M um einen neuen Punkt $p \in \mathbb{R}^2$.
2. Entferne aus M den Punkt $p \in M$.
3. Bestimme zu $q \in \mathbb{R}^2$ die k nächsten Nachbarn in M.

Diese Formulierung stellt eine Dynamisierung von Fall *d*) der obigen Problemstellung dar. Offensichtlich können fast alle graphisch-geometrischen Probleme durch Dynamisierung "erschwert" werden.

Alle im obigen Gegeben-Gesucht-Schema spezifizierten Probleme können in die Klasse der *Nearest Neighbour* Probleme eingeordnet werden. Es sollte jedoch klar sein, daß sich in jedem einzelnen Fall sehr verschiedene Algorithmen ergeben können, auch wenn die Aufgabenstellung oberflächlich betrachtet sehr ähnlich klingt.

Beim Gegeben-Gesucht-Spezifikationsschema ist außerdem von großer Bedeutung, ob eine Vorverarbeitung zugelassen wird oder nicht. In diesem Schritt werden die gegebenen Daten in eine geeignete Datenstruktur umgewandelt, die sich dadurch auszeichnet, daß sie hilft, die Gesucht-Fragen möglichst effizient zu beantworten. Um eine möglichst klare Aufgabenstellung zu erzielen, ist es also hilfreich, die Möglichkeit der Vorverarbeitung im Gegeben-Gesucht-Schema ausdrücklich aufzuführen:

Gegeben:

Feste Menge M von n Punkten im $\mathbb{R}^2$.

Gesucht:

Vorverarbeitung von M, so daß zu jedem Anfragepunkt q sehr schnell entschieden werden kann, welcher Punkt von M zu q den geringsten Abstand hat.

1.2 Problemklassifikation

Es gibt eine unübersehbare Vielfalt von graphisch-geometrischen Problemen. Daher stellt sich die Frage nach Klassifikationsmöglichkeiten. Mit Hilfe der hier dargestellten Vorgehensweise soll versucht werden, eine gewisse Ordnung zu erhalten, zumindest innerhalb der elementaren Aufgabenstellungen.

1.2.1 Klassifikation über Räume

Geometrische Fragestellungen können aufgrund der Dimension des zugrundeliegenden Raumes klassifiziert werden ($\mathbb{R}$, $\mathbb{R}^2$, $\mathbb{R}^3$, ... , $\mathbb{R}^n$). Hierbei ist die Computational Geometry keineswegs nur auf die unserer Anschauung gut zugänglichen

Räume $\mathbb{R}$, $\mathbb{R}^2$ und $\mathbb{R}^3$ beschränkt, sondern findet gerade auch in höherdimensionalen Räumen Anwendungsgebiete. Beispiele hierfür sind etwa statistische Probleme mit vieldimensionalen Parametervektoren und das lineare Programmieren (*linear programming*).

1.2.2 Objekttypen

Neben dem zugrundeliegenden Raum spielen die Dimension der Objekte und die verwendeten Objekttypen bei der Klassifizierung von geometrischen Aufgaben eine große Rolle.

Dimension	Beispiele
0	Punkt
1	Strecke, Halbstrahl, Gerade, Kurvenstück, geschlossene Kurve
2	Rechteck, konvexes Polygon, einfaches Polygon, Polygon mit Löchern, Halbebene, Polygon mit Asymptoten, gekrümmtes Flächenstück
3	Quader, konvexes Polyeder, Polyeder mit Asymptoten, Körper mit gekrümmten Begrenzungsflächen
> 3	Halbraum, Polyeder, Polytop

Hierbei kann ein n-dimensionales Objekt in jeden Raum ab Dimension $n+1$ eingebettet werden.

1.2.3 Datendarstellung von Objekten

Je nach Aufgabenstellung und darzustellendem Objekt sind verschiedene Repräsentationsmöglichkeiten vorhanden. Obwohl viele Objekte auf mehrere Arten repräsentiert werden können, ist der damit verbundene Aufwand oft sehr unterschiedlich, was sich auch in den Algorithmen niederschlägt.

Bei der impliziten Darstellung ist ein Objekt als Menge aller Punkte dargestellt, die ein gegebenes System von Gleichungen bzw. Ungleichungen erfüllen. Typisches Beispiel hierfür ist die Kugeloberfläche mit der Gleichung $x^2 + y^2 - r^2 = 0$ oder die Definition eines Halbraumes durch $ax + by - d \leq 0$.

Explizite Darstellungen zählen die Objektpunkte in geeigneter Weise auf. So verwendet man beispielsweise oft die Parameterdarstellung von Geraden:

$(P(\lambda) = P_0 + \lambda V$ mit $\lambda \in I\!R)$ und Halbstrahlen: $(P(\lambda) = P_0 + \lambda V$ mit $\lambda \in I\!R, \lambda \geq 0)$ oder die Polygondefinition als Folge von zu verbindenden Eckpunkten.

1.2.4 Grundoperationen

Wie oben schon gezeigt wurde, ist die genaue Definition der Fragestellung ein entscheidendes Kriterium für die Wahl der geeigneten Algorithmen. Dementsprechend lassen sich graphisch-geometrische Probleme auch nach Grundoperationen einteilen.

Da geometrische Gebilde generell als Punktmengen, also insbesondere als Mengen aufgefaßt werden können, kann man versuchen, Operationen mit Mitteln der Mengenlehre und der Prädikatenlogik zu präzisieren:

Gegeben:

$M_1, M_2, ...$ geometrische Gebilde.

Gesucht:

Mengenoperation Prädikat	Bedeutung
$M := M_1 \cup M_2$	Zusammenfassung von zwei geometrischen Gebilden zu einem Gesamtgebilde.
$M := M_1 \cap M_2$	Bestimmung des Schnittgebildes zweier geometrischer Gebilde, z.B. Schnitt zweier Polygone bestimmen.
$M := \bigcap M_i$	Bestimmung des Schnittgebildes vieler Gebilde (z.B. Halbebenenschnitt).
$M := M_1 - M_2$	Entfernen von M_2 aus M_1.
$M := \bigcup_{i \neq j} M_i \cap M_j$	Alle paarweisen Schnittgebilde, z.B. alle Schnittpunke von n gegebenen Strecken in der Ebene.
$M_1 \in M_2$	Z.B. Punktlokalisation (M_1 einelementig).
$M_1 \subset M_2$	Enthaltensein bei graphischen Objekten.

Dieses Konzept kann weitergeführt werden, z.B. auf die Hüllenbildung:

Gegeben:

Geometrisches Gebilde M_1.

Gesucht:
Konvexe Menge M_2 mit $M_1 \subset M_2$ und M_2 minimal.

Auch Zerlegungsprobleme, wie beispielsweise das Bilden einer Triangulation, können mit Mitteln der Mengenlehre beschrieben werden.

Gegeben:
Geometrisches Gebilde M.

Gesucht:
Dreiecke Δ_i, so daß $M = \cup_{i=1}^{n} \Delta_i$ und $Ma\beta(\Delta_i \cap \Delta_j) = 0$ für alle $i \neq j$.

1.2.5 Algorithmenentwurf und Analyse

Auch die Eigenschaften der Lösungsalgorithmen, bzw. die anzuwendende Strategie charakterisieren Problemklassen. Hierbei steht besonders der praktische Aspekt im Vordergrund der Überlegungen. Neben eher theoretischen Anforderungen, wie etwa den zeitoptimalen Algorithmus innerhalb des O-Kalküls zu bestimmen, sind in der Praxis oftmals auch ganz andere Kriterien wie z.B. Verfahrensgüte und Implementationsaufwand wichtig.

Eine in unserem Sinne einigermaßen erschöpfende Algorithmenanalyse umfaßt mindestens die folgenden Punkte:

1. Suche geeignete Repräsentation von graphischen Objekten und passende interne Datenstrukturen.

2. Suche Algorithmus mit geringstem Programmieraufwand.

3. Suche Algorithmus mit asymptotisch bestem Zeitverhalten.

4. Definiere typische Problemkomplexitäten in der Praxis und daraus abgeleitete Abschätzungen für konkrete Rechenzeiten.

5. Bestimme Algorithmus mit bester Eignung für die Implementierung in professioneller Software.

6. Bestimme bzw. verbessere die numerische Stabilität.

7. Bestimme Algorithmus mit bester Parallelisierbarkeit.

8. Kombiniere Algorithmen einer bestimmten Problemklasse, um insgesamt einen besseren Algorithmus zu erhalten.

1.3 Algorithmenmodell

Während in der Anfangszeit der graphischen Datenverarbeitung etwa zwischen 1965 und 1975 durchaus angestrebt wurde, die Algorithmen für die häufigen Elementaroperationen möglichst auf Integer-Arithmetik zu trimmen, ist heute die Gleitpunkt-Arithmetik vergleichsweise schnell und erleichtert die Implementierungsarbeit bei graphischen Algorithmen ganz erheblich. Es ist daher sinnvoll, von folgendem Maschinenmodell auszugehen:

1. Alle arithmetischen Operationen $+, -, /, *, <, \leq$ erfordern eine Zeiteinheit, also Rechenzeit von $O(1)$, unabhängig davon, ob Gleit- oder Festpunktzahlen daran beteiligt sind.

2. Zeiger- und Indexoperationen, wie $B := A[i,j]$, benötigen eine Rechenzeit von $O(1)$, ebenso die Speicherreservierung und die Initialisierung für ein Maschinenwort. Dies gilt jedoch nicht für die z.B. in Pascal verfügbare Zuweisung $A := B$ mit eventuell sehr großen Feldern (Array); diese müssen bei der Rechenzeitbestimmung in Einzelwort-Zuweisungen aufgelöst werden.

Dieses Maschinen-Modell wird als RAM-Modell (RAM = Random Access Machine) mit Gleitpunktoperationen bezeichnet.

1.4 Algorithmenkomplexität

Bei den von uns betrachteten sequentiellen Algorithmen (keine Parallelisierung!) interessieren uns besonders der Zeit- und Speicherbedarf und die allerdings nicht präzise meßbare Programmkomplexität.

Definition:

Die Funktion $T_A(P)$ beschreibt die Anzahl der Zeiteinheiten (= Elementaroperationen), die der Algorithmus A benötigt, um die Eingabedaten P zu verarbeiten.

Hierbei ist P ein Parametersatz, der die konkrete Problemausprägung festlegt, z.B. diejenigen Punkte, zu denen der nächste Nachbar aus der fest gegebenen Menge M in Abschnitt 1.1 zu finden ist.

Der Index A kann in der Regel entfallen, falls klar ist, um welchen Algorithmus es sich im gegebenen Zusammenhang handelt. In den nächsten Abschnitten werden wir daher nur noch von $T(P)$ sprechen.

Das Zeitverhalten bezüglich eines bestimmten Parametersatzes ist jedoch nur von sekundärer Bedeutung. Wichtiger ist das generelle Verhalten des Algorithmus bei der Bearbeitung verschiedener Parametersätze.

$T_{max}(|P| = n) :=$ Maximale Anzahl der Zeiteinheiten, die bei Problemen der Komplexität n nötig ist.

Es gilt demnach folgender Zusammenhang:

$$T_{max}(n) := \max_{P,\, |P|=n} T(P).$$

Interessant - vor allem aus praxisbezogener Sicht - ist die durchschnittliche Zeit, die der Algorithmus zur Verarbeitung benötigt:

$$T_{mittel}(n) := \operatorname*{mittel}_{P,\, |P|=n} T(P).$$

Bei geometrischen Algorithmen ist es oft außerordentlich schwierig bis unmöglich, einen solchen Mittelwert überzeugend zu definieren, da die Eingabedaten und deren Eigenschaften bzgl. der Zeitkomplexität des Algorithmus nur schwer erfaßt werden können. Es kann beispielweise einen Einfluß haben, wenn bei der Verarbeitung von Punktmengen eine Gleichverteilung der Punkte vorliegt. In diesem Fall läßt sich bei der Zeitkomplexität bestimmter Algorithmen (siehe Zellrasterverfahren in Abschnitt 2.1.3) eine bessere Schranke angeben. Wir werden diese Aussage später noch einmal aufgreifen.

Der Vollständigkeit halber sei das Zeitmaß für die minimale Ausführungszeit bei einem optimalen Parametersatz angegeben:

$$T_{min}(n) := \min_{P,\, |P|=n} T(P).$$

Dieses Maß ist bei Komplexitätsüberlegungen in der Regel bedeutungslos, denn fast jeder Algorithmus kann so modifiziert werden, daß T_{min} sehr günstige Werte annimmt. So kann jeder Sortieralgorithmus durch einen trivialen Zusatz, in dem abgefragt wird, ob die zu sortierende Folge bereits sortiert ist, so erweitert werden, daß $T_{min}(n) = O(n)$ gilt.

Für einen Algorithmus gilt stets die Aussage:

$$T_{min}(n) \leq T_{mittel}(n) \leq T_{max}(n).$$

Auf gleiche Weise wird der Speicherbedarf eines Algorithmus beschrieben, indem man T (= Time) durch S (= Speicherbedarf) ersetzt. Es gelten dann die oben genannten Zusammenhänge analog.

1.4.1 Asymptotisches Wachstum

Wie bereits festgestellt wurde, kann man das Zeit- und Speicherverhalten von Algorithmen in erster Näherung durch Funktionen wie $T_{min}(n)$ oder $S_{max}(n)$ charakterisieren. Um das Wachstum derartiger Funktionen miteinander vergleichen zu können, werden asymptotische Wachstumsklassen eingeführt. Die Definitionen lauten:

$O(f(n))$:= $\{g(n) | \exists\, n_0$ und $c > 0 : \forall n \geq n_0$ gilt $g(n) \leq c \cdot f(n)\}$,
d.h. $g(n)$ wächst höchstens so stark wie $f(n)$.

$\Omega(f(n))$:= $\{g(n) | \exists\, n_0$ und $c > 0 : \forall n \geq n_0$ gilt $g(n) \geq c \cdot f(n)\}$,
d.h. $g(n)$ wächst mindestens so stark wie $f(n)$.

$\Theta(f(n))$:= $\{g(n) | \exists\, c_1, c_2, n_0 : \forall n \geq n_0$ gilt $c_1 \cdot f(n) \leq g(n) \leq c_2 \cdot f(n)\}$,
d.h. $g(n)$ wächst genau so stark wie $f(n)$.
Also: $g(n) = O(f(n))$ und $g(n) = \Omega(f(n))$.

In der Menge $O(f(n))$ sind alle Funktionen enthalten, die asymptotisch höchstens so stark wie $f(n)$ wachsen. Diese Funktionen bilden eine eigene Komplexitätsklasse. Ein Algorithmus mit einem maximalen Zeitverhalten $T_{max}(n) = k\,n^2$ gehört demnach in die Komplexitätsklasse $O(n^2)$. Nebenbei bemerkt, gehört er natürlich auch in die Klasse $O(n^{34})$, da auch hier die notwendigen Konstanten gefunden werden können.

Es hat sich eingebürgert, für die Einordnung des Algorithmus in die Komplexitätsklasse $O(n^2)$ die Schreibweise $T_{max}(n) = O(n^2)$ zu verwenden, obwohl es eigentlich $T_{max}(n) \in O(n^2)$ heißen müßte.

Definition: Untere Schranke

Für ein bestimmtes algorithmisches Problem bezeichnen wir eine Wachstumsfunktion $f(n)$ als untere Zeitschranke, wenn für jeden Algorithmus zur Lösung des Problems gilt:

$$T_{max}(n) = \Omega(f(n)).$$

Eine solche untere Schranke muß nicht erreichbar sein. So ist $\Omega(1)$ eine untere Schranke für alle Algorithmen.

Definition: Optimaler Algorithmus

Ein Algorithmus heißt optimal (bzgl. des T_{max}-Zeitverhaltens), wenn gilt:

$$T_{max}(n) = O(f(n)),$$

wobei $f(n)$ eine untere Schranke des algorithmischen Problems ist.

Da $f(n)$ eine untere Schranke ist, gilt auch $T_{max}(n) = \Omega(f(n))$ und damit

$$T_{max}(n) = \Theta(f(n)).$$

Das Beweisverfahren für die Optimalität eines Algorithmus verläuft meist so, daß das durch den Algorithmus gelöste Problem zur Lösung eines Standardproblems benutzt wird, von dem man eine untere Zeitschranke kennt (*Problemreduktion*).

Geschieht die Transformation auf das Standardproblem in einer Weise, daß die Gesamtkomplexität von Algorithmus und Transformation die untere Schranke des Standardproblems nicht überschreitet, so kann folgendermaßen argumentiert werden:

Ein Algorithmus, der das konkrete Problem mit geringerer Zeitkomplexität lösen könnte, würde auch den notwendigen Zeitaufwand zur Lösung des Standardproblems senken. Dies ist aber aufgrund der bereits gefundenen unteren Zeitschranke nicht möglich, also kann es solch einen Algorithmus nicht geben.

1.5 Untere Schranken für elementare Algorithmen

Im den folgenden Kapiteln wird gelegentlich auf die unten aufgeführten, bekannten Resultate über optimale Algorithmen Bezug genommen, wenn es darum geht, für einen anderen Algorithmus die Optimalität zu beweisen.

Die Beweise für einige der unteren Schranken und insbesondere für das Problem der Elementeindeutigkeit sind relativ komplex. Detaillierte Ausführungen sind beispielsweise in [Sch82a, Sch83] sowie insbesondere in [BO83] zu finden.

- **Sortieren**
  Das Problem, n Zahlen zu sortieren, hat eine untere Schranke von:

  $$T_{max}(n) = \Omega(n \log n).$$

  Diese Aussage gilt nicht nur für Sortieralgorithmen, die ausschließlich auf Vergleichsoperationen beruhen, sondern auch dann, wenn zusätzliche arithmetische Operationen der Form $+, -, /, *, \ldots$, also das RAM-Modell, zugrunde gelegt werden.

  Anmerkung: Aus den Beweisen für dieses Resultat kann man darüberhinaus ablesen, daß auch $T_{mittel}(n) = \Omega(n \log n)$ gilt. Speziell beim Sortieren kann man nämlich den Mittelwert so definieren, daß alle Permutationen der zu sortierenden Zahlen gleichberechtigt und gleichhäufig sind.

- **Elementeindeutigkeit**
  Das Problem, für n gegebene Zahlen zu entscheiden, ob mindestens zwei der Zahlen gleich sind, hat eine untere Schranke von:

  $$T_{max}(n) = \Omega(n \log n).$$

- **Lokalisierung von Intervallen**
  Das Problem, bei erlaubter Vorverarbeitung für n gegebene sortierte Zahlen x_i und eine beliebige Zahl $x \in [x_1, x_n)$ den Index i mit $x \in [x_i, x_{i+1})$ zu finden, hat eine untere Schranke von:

  $$T_{max}(n) = \Omega(\log n).$$

- **Minimum-Maximum-Suche**
  Das Problem, für n gegebene Zahlen das Minimum bzw. Maximum zu bestimmen, hat eine untere Schranke von:

  $$T_{max}(n) = \Omega(n).$$

Jeder Algorithmus zur Lösung eines der obigen Probleme, für den eine obere Schranke abgeschätzt werden kann, die der hier angegebenen unteren Schranke entspricht, ist somit optimal. Von dieser Beweistechnik (*Reduktionsbeweis*) wird intensiv Gebrauch gemacht.

1.6 Die Rundungsoperation

Die Rundungsoperation $floor(x) := \max_{i \leq x} i$ (i ganzzahlig) spielt bei der Implementierung graphisch-geometrischer Algorithmen eine besondere Rolle, da sie bei vielen Zellrasterverfahren, die an verschiedenen Stellen dieses Buches erläutert werden, häufig verwendet wird.

Bei diesen Verfahren werden die Eingabedaten in Fächer eingeordnet, deren Inhalte weitgehend unabhängig voneinander bearbeitet werden können. Die Verfahren zeichnen sich durch leichte Implementierbarkeit und sehr gute mittlere Laufzeiten aus, was sie für praktische Anwendungen interessant macht.

Für die Rundungsoperation gilt nun der folgende Satz:

Satz:

Für jeden Algorithmus auf der Basis des RAM-Modells, der $floor(x)$ im Intervall $x \in [0, n)$, $1 < n \in \mathbb{N}$ berechnet, gilt:

$$T_{max}(n) = \Omega(\log n).$$

Beweis:

Sei A ein Algorithmus zur Berechnung von $floor(x)$ mit $x \in [0, n]$. Da der Algorithmus für jedes $x \in [0, n]$ terminiert, also nach endlich vielen Elementaroperationen stoppt, kann ein äquivalenter Entscheidungsbaum gebildet werden. Der Baum besteht einerseits aus nichtverzweigenden Knoten, in denen arithmetische Operationen (z.B. $a := b \oplus c$) und Indizierungen (z.B. $a[i] := b[j, k]$) ausgeführt werden und andererseits aus verzweigenden Knoten mit Vergleichsoperationen (z.B. $a \leq b$). Auch Schleifen werden entsprechend aufgelöst und führen zu verzweigenden Teilwegen im Entscheidungsbaum.

Wir betrachten jetzt die Blätter des so entstandenen Entscheidungsbaumes. Das in jedem Blatt berechnete Funktionsergebnis $floor(x)$ ist offensichtlich ein arithmetischer Ausdruck, mit x und weiteren Konstanten als Werten und den arithmetischen

Operationen $+, -, *, /, ...$, d.h. also eine rationale Funktion in x. Vergleichsoperationen sind in den verzweigenden Knoten berücksichtigt.

Man kann den zu jedem Blatt gehörenden rationalen Ausdruck für $floor(x)$ dadurch bestimmen, daß man den Weg zurück zur Wurzel verfolgt und so rekonstruiert, wie der Ergebnisausdruck aus x und Konstanten aufgebaut wurde. Auch jedes in Variablen festgehaltene Zwischenergebnis ist ein solcher rationaler Ausdruck.

Es gilt nun folgendes: Eine rationale Funktion $R(x)$, die für unendlich viele verschiedene x-Werte den Funktionswert $R(x_k) = i_0$ hat, ist äquivalent zur Formel $A(x) = i_0$ für alle x, denn nur die konstante Funktion erfüllt diese Bedingungen.

Daraus folgt, daß zu jedem Blatt, das für unendlich viele x-Argumente erreichbar ist, nur ein definierter Funktionswert $i_0 \in \{0, 1, ..., n\}$ möglich ist. Zu jedem der Funktionswerte $0, 1, ..., n-1$ muß es also mindestens ein Blatt mit diesem Funktionswert als Ergebnis geben. Folglich gibt es insgesamt mindestens n Blätter.

Da der Entscheidungsbaum nur Knoten mit einem oder zwei Folgeknoten hat (Binärbaum!), muß er mindestens die Höhe $\log n$ haben.

Somit gilt also $T_{max}(n) = \Omega(\log n)$. □

Aus dem Beweis ersieht man, daß trotz der Verfügbarkeit der arithmetischen Operationen - im schlechtesten Fall - mindestens $\log n$ Vergleichsoperationen erforderlich sind. Die Arithmetik bringt also hier, wie in vielen anderen Fällen auch, keine Verbesserungsmöglichkeiten bzw. Beschleunigung.

Das Ergebnis des obigen Beweises kann man vereinfacht so formulieren:

Die Rundungsoperation $floor(x)$ hat im RAM-Maschinenmodell eine stärkere Leistung als beispielsweise die Vergleichsoperation. Wenn man ihr ebenfalls die Rechenzeit $O(1)$ (Elementaroperation) zubilligt, können in vielen Fällen schnellere Algorithmen angegeben werden.

Beispiel: Das Sortierverfahren von Dobosiewicz, [Dob78]

Das Sortierverfahren von Dobosiewicz, das auch als Hash- oder Bucket-Sort bezeichnet wird, ist ein typischer Vertreter der oben erwähnten Rasteralgorithmen. Es dient als Beispiel für die Notwendigkeit einer genauen Angabe des Aufwands der zugrundeliegenden elementaren Rechenoperationen.

Gegeben:

Reelle Zahlen $x_1, x_2, ..., x_n \in \mathbb{R}$.

Gesucht:

Aufsteigend sortierte Folge der x_i.

Algorithmus: Vereinfachte Variante des Sortierverfahrens von Dobosiewicz

(1) *Bestimme* $x_{min}, x_{max} \in \{x_1, x_2, ..., x_n\}$.

(2) *Initialisiere ein äquidistantes Zellraster für das Intervall* $[x_{min}, x_{max}]$ *mit* n *Zellen.* *Jede Zelle nimmt die* x*-Werte auf, die in ihr liegen.*

(3) *Der Index* i *der Zelle, in die ein Wert* x *abzulegen ist, wird wie folgt berechnet:* $i(x) := 1 + floor((x - x_{min}) \cdot n/(x_{max} - x_{min}))$.

(4) *Die sortierte Folge wird bestimmt, indem man nacheinander die Zellen* $1, 2, ...$ *abarbeitet und die jeweils dort abgelegten* x*-Werte mit einem Sortierverfahren in* $O(n \log n)$ *sortiert.*

Für dieses Verfahren kann man beweisen, daß es im schlechtesten Fall eine Zeitkomplexität $T_{max}(n) = O(n \log n)$ besitzt.

Dieser Fall tritt ein, wenn alle oder sehr viele x_i im selben Fach zu liegen kommen und dort auf herkömmliche Weise sortiert werden müssen.

Im Mittel, d.h. bei Gleichverteilung der x_i im Intervall $[x_{min}, x_{max}]$, sortiert der Algorithmus in linearer Zeit $T_{mittel}(n) = O(n)$, wobei allerdings n Rundungsoperationen mit Zeitkomplexität $O(1)$ verwendet werden.

Wie oben bereits ausgeführt, gilt für jeden auf Arithmetik und Vergleichsoperationen beruhenden Sortieralgorithmus $T_{mittel}(n) = \Omega(n \log n)$. Demnach kann bei einer Zeitanrechnung von $O(1)$ für die Rundungsoperation in diesem Fall ein deutlich besseres Zeitverhalten erzielt werden.

Diesen Gewinn kann man insbesondere (wie oben schon erwähnt) auch bei der Implementierung von Zellrasterverfahren (siehe Abschnitt 2.1.3) erreichen.

1.7 Geometrische Definitionen

Bevor in den nächsten Kapiteln eine Reihe von Algorithmen zur Lösung verschiedener graphisch-geometrischer Probleme beschrieben werden, ist es zweckmäßig, einige Definitionen vorauszuschicken. Im Gegensatz zu den generellen Überlegungen im bisherigen Teil des Kapitels wenden wir uns also nun der Geometrie zu.

1.7.1 Geometrische Objekte

Wenn wir von Objekten sprechen, so sind im allgemeinen Fall wohldefinierte Mengen von Punkten im $\mathbb{R}^k$ gemeint. Beispiele für solche Objekte sind Geraden, Halbgeraden, Strecken, Ebenen, Halbebenen, Polygone, Polyeder, usw.

Die wichtigsten sollen nachfolgend nochmals kurz für den $\mathbb{R}^2$ und den $\mathbb{R}^3$, die wir am häufigsten verwenden, definiert werden.

Definition: Gerade, Halbgerade, Strecke

Eine Gerade G ist eine eindeutig durch zwei verschiedene Punkte p_i und p_j im $\mathbb{R}^k$ bestimmte Punktmenge. Den durch die beiden Punkte gegebenen Vektor $\vec{v} = p_j - p_i$ bezeichnet man als Richtungsvektor der Geraden. Eine Halbgerade beginnt bei p_i. Eine Strecke beginnt bei p_i und endet bei p_j, hat aber keine definierte Richtung. Somit gilt für eine Gerade:

$$G(\alpha) := (1-\alpha)p_i + \alpha p_j \quad = \quad p_i + \alpha(p_j - p_i) \qquad \text{mit} \qquad \alpha \in \mathbb{R}.$$

Für eine Halbgerade, die bei p_i beginnt, gilt zusätzlich $\alpha \geq 0$. Für eine Strecke $\overline{p_i p_j}$ von p_i bis p_j gilt $\alpha \in [0, 1]$.

Die hier verwendete Definition wird auch als Parameterdarstellung bezeichnet. Das heißt man erhält alle relevanten Punkte des Objektes durch Einsetzen aller zulässigen Parameterwerte.

Anstatt der Parameterdarstellung kann man auch die implizite Darstellung in Form der Nullstellenmenge einer Gleichung verwenden. Diese ist jedoch für eine Gerade im $\mathbb{R}^3$ nur umständlich als Schnittmenge zweier Ebenen anzugeben.

Bei Ebenen und Halbräumen ist eine implizite Darstellung jedoch manchmal von Vorteil, so daß wir sie in den nachfolgenden Definitionen kurz ansprechen.

Definition: Ebene, Ebenenstück

Eine Ebene E ist eindeutig durch drei nicht kollineare Punkte p_i, p_j und p_k bestimmt. Zwei durch die drei Punkte gegebene Vektoren (z.B. $\vec{v_1} = p_j - p_i, \vec{v_2} = p_k - p_i$) bezeichnet man als aufspannende Vektoren der Ebene, p_i ist der Ursprung.

Eine Ebene in Parameterdarstellung wird beschrieben durch

$$\begin{aligned} E(\alpha_1, \alpha_2) \quad &:= \quad (1 - \alpha_1 - \alpha_2)\, p_i + \alpha_1 p_j + \alpha_2 p_k \\ &= \quad p_i + \alpha_1(p_j - p_i) + \alpha_2(p_k - p_i) \end{aligned}$$

mit $\alpha_1, \alpha_2 \in \mathbb{R}$.

Für ein Ebenenstück (Parallelogramm aus $\vec{v_1}$ und $\vec{v_2}$) gilt zusätzlich $\alpha_1, \alpha_2 \in [0,1]$.

Eine Ebene im $I\!R^3$ in impliziter Darstellung ist definiert als Lösungsmenge der linearen Gleichung:

$$ax + by + cz + d = 0$$

mit $a, b, c, d \in I\!R$ und nicht $a = b = c = 0$.

Definition: Halbebene, Halbraum

Im $I\!R^3$ ist eine Halbebene definiert als Lösungsmenge der folgenden Ungleichung:

$$ax + by + c \leq 0$$

mit $a, b, c \in I\!R$ und nicht $a = b = 0$. Ein Halbraum im $I\!R^k$ $(k \geq 3)$ ist analog

$$a_0 + \sum_{i=1}^{k} a_i\, x_i \leq 0$$

mit $a_i \in I\!R$ und $\exists a_j, 1 \leq j \leq k : a_j \neq 0$.

1.7.2 Polyeder und Polygone

Polygone spielen eine wichtige Rolle in vielen Bereichen der Computergraphik und der geometrischen Datenverarbeitung. In den nächsten Kapiteln werden verschiedene Algorithmen auf speziellen Polygonen operieren, daher werden in diesem Abschnitt die einzelnen Polygonklassen vorgestellt.

In höherdimensionalen Räumen spricht man nicht von Polygonen, sondern von Polyedern, deren Definition rekursiv gegeben wird.

Definition: Polyeder

Ein Polyeder im $I\!R^k$ ist eine durch eine endliche Menge von Seitenpolyedern der Dimension $I\!R^{k-1}$ begrenzte Punktmenge. Die Ränder der Seitenpolyeder sind ihrerseits Polyeder der Dimension $I\!R^{k-2}$ usw. Eckpunkte werden als nulldimensionale Polyeder definiert.

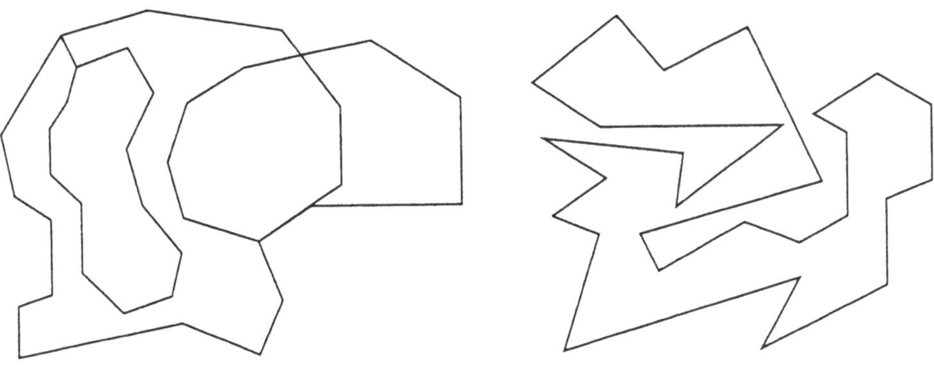

Abbildung 1.1: (a) Allgemeines Polygon; (b) einfaches Polygon.

Definition: Polygon

Ein Polyeder der Dimension zwei heißt Polygon. Es wird dargestellt durch eine geschlossene Streckenfolge $p_1 \to p_2 \to \ldots \to p_n \to p_1$ von Punkten in einer Ebene. Die Randstrecken $p_i \to p_{i+1}$ heißen Kanten oder Segmente; die von ihnen eingeschlossenen Punkte bilden das Innere des Polygons. Die Endpunkte der Kanten werden als Polygoneckpunkte bezeichnet.

Definition: Einfaches Polygon

Ein Polygon heißt einfach, wenn es keine Löcher besitzt und weder selbstüberlappend noch selbstberührend ist. In diesem Fall haben je zwei nicht aneinandergrenzende Kanten keinen gemeinsamen Punkt.

Ein einfaches Polygon teilt die Ebene in zwei disjunkte Gebiete: das Innere und das Äußere des Polygons.

Definition: Konvexe Menge

Eine Menge P ist konvex, wenn mit $p_i, p_j \in P$ stets auch die Strecke $\overline{p_i p_j}$ ganz in P enthalten ist.

Definition: Konvexe Hülle

Die konvexe Hülle einer Punktmenge P im $\mathbb{R}^k$ ist der Rand der kleinsten konvexen Teilmenge von $\mathbb{R}^k$, die P enthält.

Definition: Konvexes Polygon

Ein einfaches Polygon P ist konvex, wenn sein Inneres eine konvexe Menge ist.

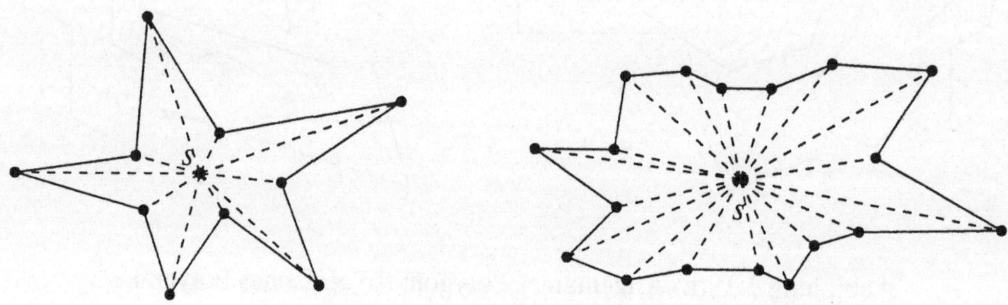

Abbildung 1.2: Sternpolygone.

Definition: Sternpolygon

Ein einfaches Polygon P heißt Sternpolygon, wenn es einen Punkt s im Inneren von P gibt, so daß die Halbgeraden von s durch alle Eckpunkte p_i von keiner Polygonkante geschnitten werden.
Der Punkt s heißt Sternpunkt (siehe Abbildung 1.2).

Definition: Kern eines Sternpolygons

Der Kern eines Sternpolygons wird aus der Menge aller Sternpunkte s gebildet (siehe Abbildung 1.3).

Allgemein gilt die Beziehung:

konvexe Polygone $\subset$ Sternpolygone $\subset$
$\subset$ einfache Polygone $\subset$ allgemeine Polygone

1.7.3 Orientierung von Polygonen

Wichtig für den Ablauf vieler Algorithmen ist die Orientierung, in der die Eckpunkte des Polygons angegeben werden. Man unterscheidet im oder gegen den Uhrzeigersinn orientierte Polygone. Das Innere eines im Uhrzeigersinn angegebenen Polygons liegt immer rechts aller Kanten.

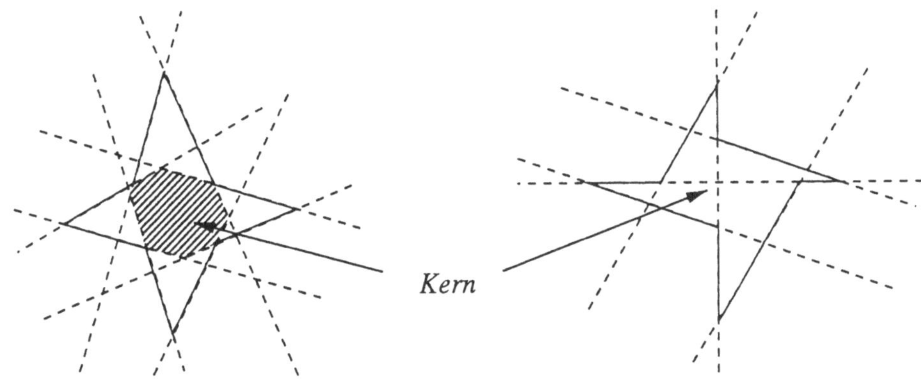

Abbildung 1.3: Kerne von Sternpolygonen.

Definition: Normaldarstellung

Ein Polygon ist in Normaldarstellung gegeben, falls es als Folge von Eckpunkten $(p_1, ..., p_n)$, im Uhrzeigersinn (negativ) orientiert, vorliegt.

Die Orientierung eines einfachen Polygons kann durch Betrachtung der an einem Extrempunkt anstoßenden Kanten bestimmt werden. Ein Punkt mit kleinster x-Koordinate ist z.B. ein Extrempunkt.

Gegeben:

Die Eckpunktfolge $(p_1, ..., p_n)$ eines einfachen Polygons im $\mathbb{R}^2$.

Gesucht:

Die Orientierung des Polygons, d.h. Antwort auf die Frage, ob das Polygon im oder gegen den Uhrzeigersinn orientiert ist.

Algorithmus: Orientierung eines Polygons (über x-minimalen Punkt)

begin
    Bestimme den Punkt p_i mit minimaler $x-$Koordinate,
      der zusätzlich eine maximale $y-$Koordinate hat;
    Untersuche die Kanten $\overline{p_i p_{i+1}}$ und $\overline{p_i p_{i-1}}$;
    if Kante $\overline{p_i p_{i+1}}$ liegt über Kante $\overline{p_i p_{i-1}}$
      then Orientierung im Uhrzeigersinn;
      else Orientierung im Gegenuhrzeigersinn;
end;

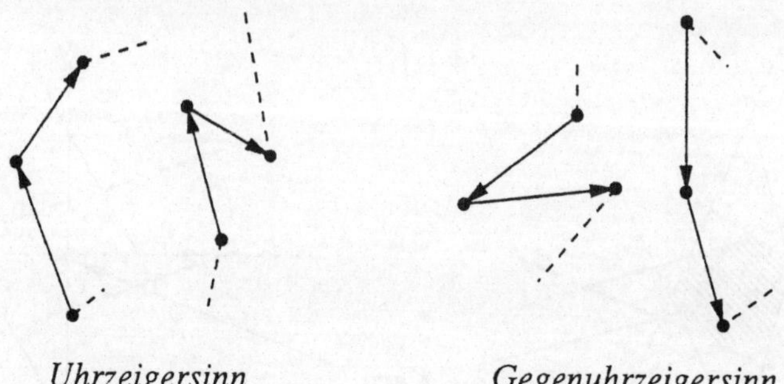

Uhrzeigersinn *Gegenuhrzeigersinn*

Abbildung 1.4: Steigungsvergleich in x-minimalem Punkt.

Hierbei liegt die Kante $\overline{p_i p_{i+1}}$ "über" Kante $\overline{p_i p_{i-1}}$, wenn für die Steigungen gilt:

$$\frac{p_{i+1}.y - p_i.y}{p_{i+1}.x - p_i.x} > \frac{p_i.y - p_{i-1}.y}{p_i.x - p_{i-1}.x}.$$

Für diesen Algorithmus ist keine Vorverarbeitung nötig. Er hat einen Zeitaufwand von $T_{max}(n) = O(n)$.

2 Schnittbestimmung

Das Schneiden von Objekten ist eines der zentralen Probleme der graphischen Datenverarbeitung. In diesem Kapitel, das dementsprechend auch eines der größten dieses Buches ist, werden eine Anzahl unterschiedlicher Schnittprobleme untersucht. Hier sind besonders die „Feinheiten“ in der Aufwandsabschätzung zu beachten, da diese sehr von Aufgabenstellung und Ergebnistyp abhängen.

2.1 Schnitt isoorientierter Strecken

Um in die Problematik einzuführen, werden wir zunächst Lösungsmöglichkeiten für den Schnitt isoorientierter, also vertikaler und horizontaler Strecken erarbeiten. Anwendung findet diese Art der Schnittbestimmung bei Sichtbarkeitsalgorithmen und bei Inklusionsprüfungen.

Gegeben:

n vertikal bzw. horizontal liegende Strecken im $\mathbb{R}^2$ mit $n = n_v + n_h$.
Hierbei sei $V = \{v_1, v_2, \ldots v_{n_v}\}$ die Teilmenge der vertikalen Strecken und $H = \{h_1, h_2, \ldots h_{n_h}\}$ die der horizontalen. Überlappungen und Berührungen innerhalb der vertikalen sowie der horizontalen Teilmenge sind ausgeschlossen.

Gesucht:

Die Menge S der sich schneidenden Streckenpaare ($S \subseteq V \times H$).

Ein einfacher Algorithmus, bei dem jede vertikale mit jeder horizontalen Strecke auf Schnittpunkt getestet wird, hat $T_{max}(n_v, n_h) = O(n_v \cdot n_h) \leq O(n^2)$.[1] Hierbei wird unterstellt, daß sich die Strecken in V und H nicht überlappen.

Werden Überlappungen zugelassen, so müßten auch diese Überlappungen ermittelt werden, wobei dann jede Strecke mit jeder anderen verglichen werden müßte, was $T_{max}(n) = O(n^2)$ zur Folge hätte.

[1] Bei der Analyse vieler Probleme ist es sinnvoll, Multi-Parameter-Zeitschranken zu verwenden. Beispielsweise könnte im obigen Fall $n_h = O(1)$ vorliegen, was zu einem Gesamt-Zeitverhalten von $T_{max}(n_v, n_h) = O(n)$ führen würde. Hätte man T_{max} nur als eine Funktion von n aufgefaßt, so bekäme man immer $T_{max}(n) = O(n^2)$.

2.1.1 Lösung mit Sweep-Verfahren

Eine gängige Methode zur Bearbeitung geometrischer Daten sind Sweep-Verfahren. Im zweidimensionalen Fall wird hierbei eine Gerade (Sweep-Line) über die Daten geschwenkt. An definierten Haltepunkten werden Manipulationen mit den geometrischen Objekten vorgenommen, die sich in einer lokalen Umgebung der Sweep-Line befinden. In den meisten Fällen sind das die Objekte, die von der Sweep-Line geschnitten werden.

Bei der Verallgemeinerung auf n-dimensionale Räume werden Hyperebenen (also Ebenen im dreidimensionalen Fall) über die Daten geschwenkt (siehe Abb. 2.1).

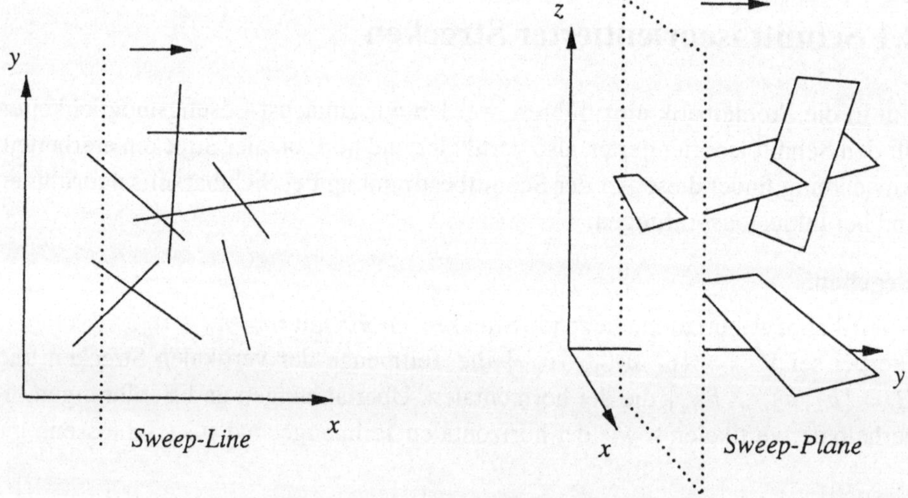

Abbildung 2.1: Sweep-Verfahren.

Durch diese Vorgehensweise werden die Daten in drei Mengen zerlegt. Die erste Menge umfaßt die Elemente, die bereits abgearbeitet wurden, die zweite diejenigen, die momentan in der lokalen Umgebung der Sweep-Line liegen. Dort wird quasi ein die Menge betreffendes statisches, n-dimensionales geometrisches Problem in eine dynamische Folge $(n-1)$-dimensionaler Probleme zerlegt. In der dritten Menge befinden sich die noch zu überstreichenden Elemente.

Geometrische Operationen werden nur mit der zweiten Teilmenge der Daten ausgeführt. Das hat zur Folge, daß je nach Art der Daten nur ein geringer Bruchteil behandelt werden muß.

Der Algorithmus verwendet folgende Datenstrukturen:

1. **X-Ordnung:**
   Enthält alle x-Ereignisse in aufsteigend sortierter Folge (z.B. Liste).
   x-Ereignisse sind:
   - x-Werte aller linken Endpunkte horizontaler Strecken $x_l(h_i)$
   - x-Werte aller rechten Endpunkte horizontaler Strecken $x_r(h_i)$
   - x-Werte vertikaler Strecken $x(v_j)$
2. **Y-Ordnung** (Sweep-Line-Status):
   Enthält alle Strecken aus H, die von der Sweep-Line geschnitten oder berührt werden, sortiert nach $y(h_i)$. Diese Menge verändert sich dynamisch und sollte als balancierter Baum (z.B. AVL-Baum mit doppeltverketteten Blättern, ein sog. Bereichssuchbaum) implementiert sein.

Die Sweep-Line wandert vom kleinsten in der Szene vorkommenden x-Wert in Richtung der positiven x-Achse. Hierbei wird an allen x-Ereignissen angehalten.

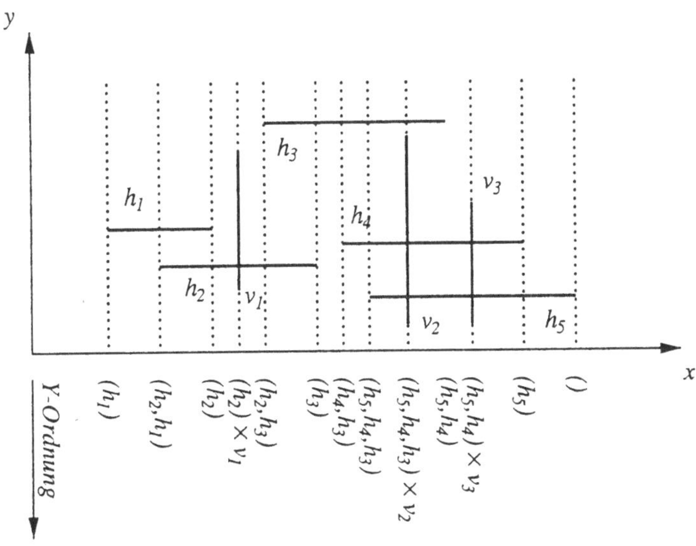

Abbildung 2.2: Schnitt von isoorientierten Strecken.

Ist das Ereignis der linke Endpunkt einer horizontalen Strecke, so wird diese in die Y-Ordnung eingefügt. Ist es der rechte Endpunkt, so wird sie als schon bearbeitet entfernt. Ist ein Haltepunkt die x-Koordinate einer vertikalen Strecke, so wird sie mit allen in der Y-Ordnung vorhandenen horizontalen Strecken geschnitten, und die zugehörigen Streckenpaare werden ausgegeben. In Abbildung 2.2 ist der Ablauf des Algorithmus schematisch dargestellt.

Es ist leicht zu sehen, daß es keine Schnittpunkte mit nicht in der Y-Ordnung befindlichen Strecken geben kann, wenn vertikale und horizontale Strecken untereinander disjunkt sind und es außerdem keine reinen Berührungen von Strecken gibt. Ist dies nicht erfüllt, so muß der Algorithmus entsprechend erweitert werden. Eine Änderung des Lösungsansatzes ergibt sich jedoch nicht.

Hier nun der einfache Fall:

Algorithmus: Schnittbestimmung isoorientierter Strecken mit Sweep-Line

```
begin
    X-Ordnung = sortierte Folge der x-Ereignisse;
    Y-Ordnung = ∅;
    while X-Ordnung nicht leer do begin
        (* 1 *)
        x_akt =kleinster x-Wert aus X-Ordnung;
        Lösche kleinsten x-Wert aus X-Ordnung;
        case x_akt
        (* 1a *)
            ist linker Endpunkt einer horizontalen Strecke h_i :
                Füge h_i in Y-Ordnung ein;
        (* 1b *)
            ist rechter Endpunkt einer horizontalen Strecke h_i :
                Lösche h_i aus Y-Ordnung;
        (* 1c *)
            ist x-Wert einer verikalen Strecke v_j:
                Bestimme alle Schnittpunkte von v_j mit den h_i in der
                Y-Ordnung und füge die korrespondierenden sich schneidenden
                Streckenpaare in S ein;
        end;
    end;
(* 2 *)
end;
```

Bei der Implementierung muß insbesondere auch sichergestellt werden, daß bei x_{akt} mehrere Ereignisse der Art von (* 1 *), (* b *) und (* 1c *) zusammentreffen können. Dann ist es wichtig, die Reihenfolge von (* 1b *) und (* 1c *) zu vertauschen, um auch Berührungen von Strecken zu erfassen.

Eine Erweiterung des Algorithmus ist seine Anwendung auf beliebig liegende Strecken im $\mathbb{R}^2$. Dieser Algorithmus wird unter dem Namen Bentley-Ottmann Algorithmus später in Abschnitt 2.2.1 vorgestellt. Die Zeitkomplexität ergibt sich im einzelnen aus den folgenden Teilen:

Vorverarbeitung	
Elemente einlesen:	$O(n)$
Y-Ordnung initialisieren:	$O(1)$
X-Ordnung aufbauen und sortieren:	$O(n \log n)$
Arbeitsschleife	
jeweils kleinsten x-Wert auslesen:	$O(n)$
n Strecken in Y-Ordnung einordnen und herausnehmen (z.B. mit AVL-Baum)	$O(n \log n)$
n Anfragen an Y-Ordnung und Ausgabe aller k Schnittpaare:	$O(k + n \log n)$
(Hierbei ist $k = \sum_i k_i$ die Gesamtanzahl der gefundenen Schnittpunkte, pro v_i ensteht bei der Intervallanfrage an die Y-Ordnung $T_{max}(n) = O(k_i + \log n)$)	
Insgesamt:	$O(k + n \log n)$

Der Parameter k kann im Einzelfall abhängig von der Szene Werte zwischen 0 und $O(n^2)$ annehmen und wird daher nicht vom Term $O(n \log n)$ geschluckt.

Satz:

Die Bestimmung aller Schnittpunkte isoorientierter Strecken im $\mathbb{R}^2$ benötigt einen Zeitaufwand von $T_{max}(n) = O(k + n \log n)$, und das ist optimal.

Beweis:

Wird der Algorithmus so implementiert, daß er auch Berührungen von degenerierten, auf einen Punkt reduzierten Linien korrekt meldet, so kann man mit ihm das Problem der Elementeindeutigkeit von n-Werten $\{x_1, ..., x_n\}$ lösen.

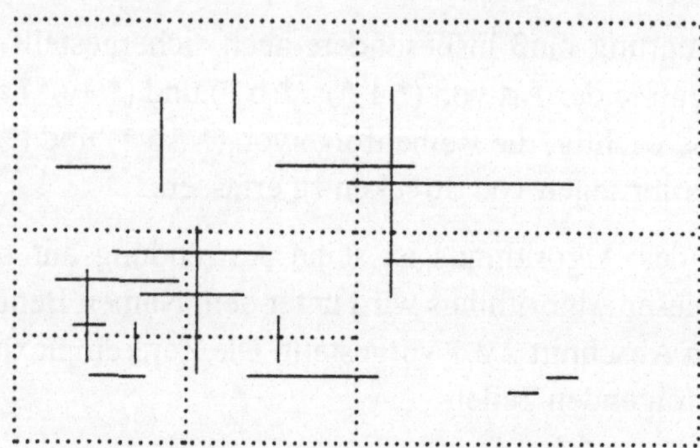

Abbildung 2.3: Schnitt von isoorientierten Strecken mit Teilen & Herrschen.

Dazu wird das Problem durch Umwandeln der x_i mit linearem Zeitaufwand in degenerierte Strecken $(x_i, 0)$ umgeformt. Der Algorithmus kann diese Strecken auf Gleichheit testen und damit die Elementeindeutigkeit feststellen. Könnte er es mit geringerem Aufwand als $T_{max}(n) = O(n \log n)$, so wäre auch die Elementeindeutigkeit schneller gelöst. Der Teilterm k ist optimal, weil er genau den Reporting-Aufwand des Algorithmus angibt, also auf keinen Fall unterboten werden kann. □

2.1.2 Lösung mit Teilen & Herrschen

Eine weitere Möglichkeit, die Komplexität einer Aufgabe zu reduzieren, geschieht über Anwendung des Teile & Herrsche-Verfahrens, indem man das Problem rekursiv in kleinere Teilprobleme zerlegt und diese getrennt löst.

Bei der Schnittbestimmung isoorientierter Strecken wird hierzu eine Rasterstruktur über die Datenmenge gelegt. Die Zellgrößen sind lokal unterschiedlich[2], je nach Aussehen der Daten (siehe Abbildung 2.3).

Schnitt mit Teilen & Herrschen

(1) *Die Datenmenge wird rekursiv jeweils in zwei bzw. vier Teilszenen zerlegt. Hierbei wird an der Koordinatenmitte oder am Median-Element geteilt. Einzelne Strecken werden evtl. in kürzere Stücke zerlegt.*

(2) *Eine Teilszene wird dann nicht mehr weiter zerlegt, wenn sich kein Rechenzeitvorteil mehr ergibt. Auf diese Szenen wendet man einen einfachen Schnittalgorithmus mit Zeitkomplexität $T(n) = O(n^2)$ an.*

[2]Dieses gilt im Gegensatz zu den Zellrasterverfahren, die wir in Abschnitt 2.1.3 einführen. Dort werden Zellen gleicher Größe über die Szene gelegt, um lokal arbeiten zu könnnen.

Das Prinzip der Rechenzeitoptimierung bei der Entscheidung zwischen weiterer Unterteilung und Schnittberechnung führt, je nach Schnittalgorithmus, zu unterschiedlichen End-Zellgrößen. Wird ein aufwendigerer Algorithmus eingesetzt, so muß feiner unterteilt werden.

Algorithmus: Schnitt isoorientierter Strecken mit Teilen & Herrschen

Procedure Divide (S : Szene)
begin
  Zerlege S in Unterszenen S_1, S_2, S_3, S_4 *mit* n_1, n_2, n_3, n_4 *Strecken;*
  *(** $n \leq n_1 + n_2 + n_3 + n_4 \leq 2n$ **)*
  if $(c_0 \cdot n^2 \leq c_o(n_1^2 + n_2^2 + n_3^2 + n_4^2) + c_1(n_1 + n_2 + n_3 + n_4))$
    then Berechne Schnittpunkte in S direkt;
  else
    begin
      Divide (S_1 *);*
      Divide (S_2 *);*
      Divide (S_3 *);*
      Divide (S_4 *);*
    end;
end;

Eine Aussage über T_{max} ist bei diesem Algorithmus zunächst nicht sinnvoll, erst recht keine Optimalitätsaussage. Allerdings gewinnt man einen näheren Einblick in das Zeitverhalten, wenn man eine Teilung an den Median-Elementen betrachtet, also denjenigen Elementen, für die jeweils gleichviele Elemente größer und kleiner bzgl. einer Ordnungsrelation sind. Im vorliegenden Fall wird einmal das Median-Element der v_i bzgl. der x-Koordinaten und das Median-Element der h_i bzgl. der y-Koordinaten gesucht. Diese Suche ist in $T_{max}(n_i) = O(n_i)$ möglich, und somit ergeben sich folgende Rekurrenzrelationen und Lösungen.

günstigster Fall:	$T(n) = 4 \cdot T(\frac{n}{4}) + c \cdot n$	$T_{max}(n) = O(n \log n)$
ungünstigster Fall:	$T(n) = 4 \cdot T(\frac{n}{2}) + c \cdot n$	$T_{max}(n) = O(n^2)$

Als Abbruchkriterium kann z.B. $n_i \leq 8$ verwendet werden, d.h. Teilszenen mit dieser Streckenanzahl können mit einem simplen Verfahren bearbeitet werden, was wegen $n_i \leq 8$ konstanten Aufwand erzeugt.

Die Rechenzeit ist also szenenabhängig und bewegt sich zwischen $T_{max}(n) = O(n \log n)$ und $T_{max}(n) = O(n^2)$, was im Bereich des zuvor besprochenen (optimalen) Sweep-Algorithmus liegt.

Allerdings gibt es den Term k jetzt nicht mehr, weil der Reporting-Aufwand voll in die Rekurrenzrelation eingerechnet wird.

2.1.3 Lösung mit Zellraster

Die Zellrastertechnik ist ein weiteres, für die Praxis wichtiges Grundprinzip zur Implementierung graphischer Algorithmen. Sie besticht vor allem durch einen übersichtlichen Aufbau der Algorithmen, der nicht durch komplizierte Datenstrukturen gekennzeichnet ist. Für gutartige 2D-Szenen mit gleichverteilten Objekten ergeben sich oft sehr gute Zeitschranken, während es andererseits im schlechtesten Fall zu ungünstigem Verhalten kommen kann.

In diesem Zusammenhang wird die $floor(x)$-Operation grundsätzlich mit $O(1)$ eingerechnet; die Komplexität dieser Operation und ihr Einfluß auf das Zeitverhalten von Algorithmen wurden ja schon in Kapitel 1 angesprochen.

2.1.3.1 Allgemeine Vorgehensweise

Das Erstellen einer Zellraster-Datenstruktur kann auf folgende Weise geschehen. Wir gehen für diese einführenden Betrachtungen von n Objekten O_i in der Ebene aus, die durch die Koordinaten der beteiligten Punkte (x_{i1}, y_{i1}), ..., (x_{ik}, y_{ik}) gegeben sind.

Zellrasterinitialisierung

(1) *Bestimme die Werte* $x_{min}, x_{max}, y_{min}, y_{max}$ *über alle beteiligten Punkte.*

(2) *Definiere ein äquidistantes Zellraster der Größe* $\sqrt{n} \times \sqrt{n}$,
als Array $[0 \ldots m, 0 \ldots m]$ $of\ Zelle$, $(m = \lfloor \sqrt{n} \rfloor)$.
Ein Punkt (x, y) *liegt in der Zelle mit dem Index* $[I(x), I(y)]$,
wobei für $I(x)$ *gilt:* $I(x) := \left\lfloor \frac{x - x_{min}}{x_{max} - x_{min}} \cdot m \right\rfloor$, $I(y)$ *analog.*

(3) *Lege in der Datenstruktur für jede Zelle eine Liste derjenigen Objekte* O_i *an, die die Zelle „geometrisch" berühren oder schneiden.*

Die Bildung der Bounding-Box in (1) hat linearen Zeitaufwand, die Initialisierung der Zellraster-Datenstruktur in (2) erfordert eine Rechenzeit von $T_{max}(n) = O(\sqrt{n} \times \sqrt{n}) = O(n)$.

Der Rechenzeitaufwand für (3) ist szenenabhängig. Sind die Objekte relativ groß, so können die einzelnen Objekte in einer Richtung bis zu $O(\sqrt{n})$ Zellen schneiden, was im schlechtesten Fall eine Gesamtrechenzeit von $T_{max}(n) = O(n \cdot \sqrt{n})$ ergeben kann.

Das überlineare Wachstum dieses Aufwandes bereits in der Vorverarbeitung der Szene ist oft unerwünscht und kann durch Vergröberung des Zellrasters wieder linearisiert werden. Dies kann wie folgt geschehen:

Bei der Linearisierung bezüglich der x-Richtung bestimmt man die durchschnittliche Breite der Objekte (x-Spanne):

$$x_{spanne} := \frac{1}{n}\left(\sum_i |x_{i_{max}} - x_{i_{min}}|\right).$$

Die äquidistante Rasterung in x-Richtung wird nun so grob vorgenommen, daß eine Zelle etwa x_{spanne} breit ist, also

$$m_x \cong \min\left\{\sqrt{n}, \frac{(x_{max} - x_{min})}{x_{spanne}}\right\}.$$

Bei der Bestimmung von m_y verfährt man analog. So hat man die Gewißheit, daß das Eintragen aller Objekte in das Zellraster in $T_{max}(n) = O(n)$ erfolgt, erkauft dies aber durch eine meist nicht erwünschte Vergröberung der Zellstruktur.

Die so aufgebaute Zellstruktur kann nun dazu benutzt werden, Schnittpunkte zu berechnen und andere Probleme zu lösen, bei denen es auf Nachbarschaftsbeziehungen ankommt.

In den nachfolgenden Kapiteln werden noch weitere praktische Anwendungen von Zellrasterstrukturen angesprochen.

2.1.3.2 Anwendung auf isoorientierte Strecken

Mit den bisher vorgestellten Algorithmen wird im günstigsten Fall eine Zeitschranke von $T_{max}(n) = O(k + n \log n)$ erreicht.

Die Variable k ist die auszugebende Anzahl der Schnittpunkte, und es kann $k = O(n^2)$ gelten, da n Strecken $O(n^2)$ Schnittpunkte haben können (siehe Abbildung 2.5(b)).

Will man das Problem über Zellraster lösen, geht man wie folgt vor: Wie oben wird über die zu behandelnden Daten ein äquidistantes Gitter gelegt und entweder jedem

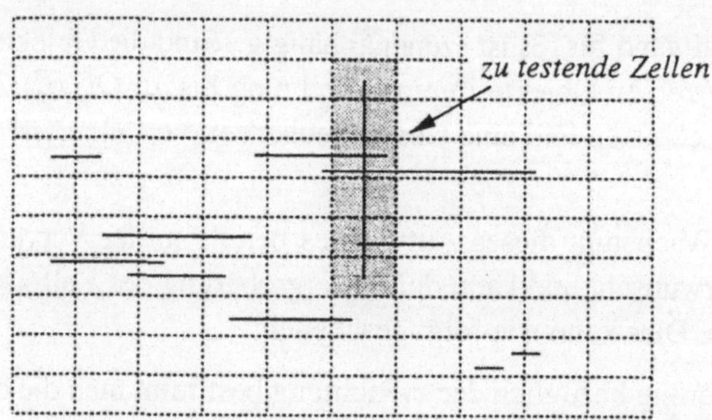

Abbildung 2.4: Schnitt von isoorientierten Strecken über Zellrasterverfahren.

Datenelement eine Liste von Zellen zugeordnet oder jeder Zelle eine Liste von Elementen (siehe Abbildung 2.4).

Der Algorithmus zur Schnittbestimmung lautet in diesem Fall ($n = n_v + n_h$):

Algorithmus: Schnittbestimmung isoorientierter Strecken mit Zellraster

(1) *(* Vorverarbeitung *)*
Lege Zellraster Z der Größe $\lfloor\sqrt{n}\rfloor \times \lfloor\sqrt{n}\rfloor$ über die Daten;
Trage horizontale Strecken $h_1, h_2, \ldots h_{n_h}$ in diejenigen Zellen ein, die sie berühren;
$M = v_1, v_2, \ldots, v_{n_v}$;

(2) *while $M \neq \emptyset$ do begin*
Entferne ein Element v aus M und bestimme alle Z_i, die von v berührt werden;
Schneide v mit allen h_j, die in diesen Zellen vermerkt sind;
end;

Man erreicht auch hier bei der Initialisierung in (1) eine Zeitkomplexität von O(n), allerdings ist der Aufwand im Schleifendurchlauf von der Länge der Strecken abhängig. Sind die Endpunkte der Strecken in [0, 1] gleichverteilt, so gilt:

$$\begin{aligned} \text{mittlere Länge:} \quad & l &= \tfrac{1}{2} \\ \text{Zellen pro Strecke:} \quad & n_s &= \tfrac{\sqrt{n}}{2} \\ \text{Strecken pro Zelle:} \quad & n_z &= \tfrac{\sqrt{n}}{2} \end{aligned}$$

Pro Strecke v müssen demnach durchschnittlich

$$n_z \cdot n_s = \frac{n}{4} = O(n)$$

Schnittoperationen durchgeführt werden, der Gesamtaufwand ist $O(n^2)$.

Kann die Anzahl Strecken pro Zelle jedoch auf eine Funktion mit kleinerer asymptotischer Steigung bzgl. n abgeschätzt werden, so ergibt sich ein geringerer Gesamtaufwand. Dies gilt insbesondere für rastergünstige Szenen.

2.1.3.3 Das Konzept der rastergünstigen Szenen

Wird eine 2D-Szene, wie etwa eine Menge isoorientierter Strecken, in ein $\lfloor\sqrt{n}\rfloor \times \lfloor\sqrt{n}\rfloor$-Zellraster eingetragen, so gibt es stets eine kleinste Zahl $K > 0$, für die gilt: In jeder Zelle des Rasters sind höchstens K Strecken vertreten.

Da für jede 2D-Szene diese Zahl K quasi als Funktion abhängig von der Szene bestimmt werden kann, definiert sie die Rasterkomplexität einer 2D-Szene:

Definition: Rasterkomplexität einer Szene

Eine Szene S hat eine Rasterkomplexität $K \in I\!N$, wenn beim Eintragen in ein $\lfloor\sqrt{n}\rfloor \times \lfloor\sqrt{n}\rfloor$-Raster höchstens K Teilobjekte von S in eine Zelle des Rasters einzutragen sind.

Diese Definition ist nicht auf Szenen mit Strecken beschränkt, sondern kann auch auf Szenen bestehend aus einfachen Polygonen o.Ä. sinngemäß erweitert werden.

Bei Komplexitätsabschätzungen kann man nun so vorgehen, daß man nur noch solche Szenen in die Betrachtung aufnimmt, für deren Rasterkomplexität gilt: $K \leq K_0$, wobei K_0 eine fest vorgegebene Konstante ist. Dies sind immer noch unendlich viele Szenen, so daß es Sinn macht, für diese Szenenklasse die Berechnungszeiten T_{max} zu bestimmen.

In der Regel ergeben sich auf diese Weise sehr günstige Zeitschranken, die vor allem deshalb interessant sind, weil in der Praxis meist nur Szenen mit kleinen K-Werten vorkommen, z.B. bei CAD-Konstruktionen.

Definition: K_0-Rastergünstige Szene

Eine Szene gehört zur Klasse der K_0-rastergünstigen Szenen, wenn für ihre Rasterkomplexität K gilt: $K \leq K_0$.

Angewandt auf das obige Problem mit Szenen aus iso-rientierten Strecken ergibt sich: Sind alle betrachteten Szenen K_0-rastergünstig, erhält man $T_{max}(n) = O(n)$.

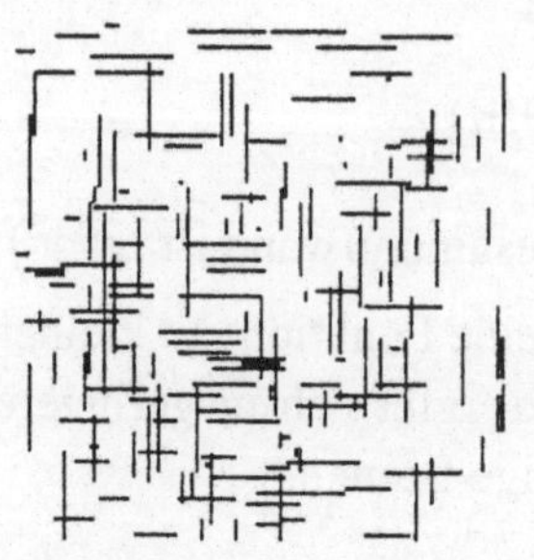

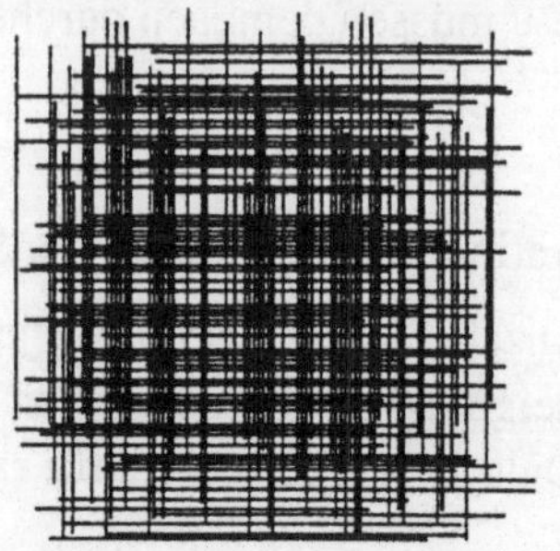

Abbildung 2.5: Szene: (a) rastergünstig; (b) rasterungünstig.

	Normale Szene:	K_0-Rastergünstige Szene:
Vorverarbeitung:	$O(n) + O(n_v \cdot \sqrt{n})$	$O(n) + O(K_0 \cdot n_v)$
Arbeitsschleife:	$O(n^2)$	$O(K_0^2 \cdot n)$
Insgesamt:	$O(n^2)$	$O(n)$

Der Algorithmus ist in seinem Aufwand stärker von den Eingabedaten abhängig als die anderen Verfahren. Jedoch ist die Algorithmenkomplexität, die um ein Vielfaches kleiner ausfällt, neben der effizienten Abarbeitung K_0-rastergünstiger Szenen ein weiterer Vorteil.

2.2 Schnitt beliebiger Strecken

Ein schwierigeres Problem entsteht, wenn die Strecken beliebige Steigung besitzen. Wir sprechen hier vom allgemeinen Fall der Schnittpunktbestimmung für Strecken in der Ebene.

Gegeben:
n Strecken bzw. Segmente $S = \{s_1, s_2, .., s_n\}$ in der Ebene, jedes s_i ist durch seine Eckpunkte gegeben.

Gesucht:

a) Antwort auf die Frage, ob sich mindestens zwei der Segmente schneiden (Schnittpunkttest).

b) Ausgabe aller sich schneidenden Paare (s_i, s_j) (Schnittpunktaufzählung).

Ein Trivialalgorithmus würde diesmal jede Strecke s_i mit allen anderen vergleichen. Im Fall der Aufgabenstellung a) könnte nach dem ersten gefundenen Schnittpunkt abgebrochen werden. Auf jeden Fall gilt aber $T_{max}(n) = O(n^2)$.

Als erstes gelang es Shamos und Hoey im Jahre 1976 (siehe [SH76]), einen Algorithmus zur Lösung von a) zu finden, der das Problem mit $T_{max}(n) = O(n \log n)$ löst. Dabei wurde erstmals ein Sweep-Verfahren angewendet.

Darauf konnten Bentley und Ottmann 1979 (siehe [BO79]) das zweite Problem mit einer Zeitkomplexität von $T_{max}(n) = O((n+k) \log n)$ lösen, wobei k die Anzahl der gefundenen Paare angibt.

Diese Erfolge führten zu vielen weiteren Forschungsaktivitäten und begründeten schließlich, wie bereits in der Einleitung erwähnt, das neue Forschungsgebiet „Computational Geometry“.

2.2.1 Der Bentley-Ottmann Algorithmus

Anders als beim Problem der Schnittpunktberechnung isoorientierter Strecken in Abschnitt 2.1.1 ist die Y-Ordnung jetzt nicht mehr statisch, sondern wechselt an den Stellen, an denen sich Strecken schneiden. Eine vormals unterhalb liegende Strecke kann zu einer oberhalb liegenden werden. Hierbei bedeutet „a oberhalb b“, daß eine vertikale Gerade sowohl a als auch b schneidet, wobei der Schnittpunkt mit a über dem von b liegt. Wir sprechen im folgenden auch von Vorgänger und Nachfolger im Sinne einer Ordnung, anstatt von oberhalb und unterhalb. Die Datenstruktur für die Y-Ordnung muß also ein Vertauschen von Elementen effizient ermöglichen.

Haltepunkte sind in diesem Fall wieder alle x-Werte der Anfangs- und Endpunkte der Strecken, nun aber zusätzlich auch die Schnittpunkte.

Wir nehmen an, daß sich in einem Punkt höchstens zwei Liniensegmente schneiden und daß keine vertikalen Liniensegmente vorkommen. Der Algorithmus kann aber ohne prinzipielle Änderung so erweitert werden, daß auch vertikale Strecken und Vielfachschnittpunkte berücksichtigt werden.

Die Vorgänger- und Nachfolger-Bestimmung in der X-Ordnung schließt auch die Existenzprüfung mit ein.

Für den Algorithmus benötigte Datenstrukturen sind ($n \in \mathbb{N}$: Anzahl Strecken):

Q: **X-Ordnung** (Prioritäts-Warteschlange oder AVL-Baum)

$insert(s, Q)$	$O(\log n)$
$min_x(Q)$	$O(1)$
$min_x remove(Q)$	$O(\log n)$

L: **Y-Ordnung** (Balancierter AVL-Baum)

$insert(s, L)$	$O(\log n)$
$delete(s, L)$	$O(\log n)$
$pred_y(s, L)$	$O(\log n)$
$succ_y(s, L)$	$O(\log n)$
$swap(s_1, s_2, L)$	$O(\log n)$

Wie im Fall isoorientierter Strecken werden die x-Koordinaten (nun aller Strecken) sortiert und dann die Sweep-Line über die Szene geschwenkt:

Algorithmus: Schnittbestimmung allgemeiner Strecken mit Sweep-Line

```
begin
    Q := Alle Anfangs- und Endpunkte, geordnet nach x-Koordinate;
    L := ∅;
    while Q nicht leer do begin
        p := min_x(Q);
        min_x remove(Q);
        if p linker Endpunkt eines Segments s
            then begin
                insert(s, L);
                ŝ := succ_y(s, L);
                s̃ := pred_y(s, L);
                if s ∩ ŝ ≠ ∅ then insert(s ∩ ŝ, Q);
                if s ∩ s̃ ≠ ∅ then insert(s ∩ s̃, Q);
            end;
        else
            begin
                if p rechter Endpunkt eines Segments s
                    then begin
                        ŝ := succ_y(s, L);
                        s̃ := pred_y(s, L);
                        if ŝ ∩ s̃ ≠ ∅
                            then insert(ŝ ∩ s̃, Q);
```

```
            delete(s, L);
          end;
        else (* p ist Schnittpunkt von ŝ und s̃ *)
          begin
            Ausgeben von p;
            swap(ŝ, s̃, L); (* Vertausche ŝ und s̃ in L*)
            t̃ := pred_y(s̃, L);
            if s̃ ∩ t̃ ≠ ∅
              then insert(s̃ ∩ t̃, Q);
            t̂ := succ_y(ŝ, L);
            if ŝ ∩ t̂ ≠ ∅
              then insert(ŝ ∩ t̂, Q);
          end;
      end;
  end; (* while *)
end;
```

Sämtliche Operationen sind somit in höchstens $O(\log n)$ auszuführen. Da y-Koordinaten in dieser Weise nicht mehr als Schlüssel brauchbar sind, müssen die einzelnen Geradengleichungen in der Form $a \cdot x + b$ als Schlüssel genommen werden. An einem Haltepunkt x_0 ergibt dann $a_0 \cdot x + b$ jeweils den aktuellen y-Wert. Eine Beispielszene mit zugehöriger Y-Ordnung ist in Abbildung 2.6 dargestellt.

Oben angegeben ist die Grundstruktur des Algorithmus. Bei einer praktischen Implementierung sind allerdings weitere Feinheiten wie Berührungen oder Überlappungen zu berücksichtigen.

Auch hier werden die Daten wieder in die drei Mengen (schon bearbeitete Daten, gerade bearbeitete Daten und noch zu bearbeitende Daten) zerlegt. Der Zeitaufwand beträgt jetzt:

Arbeitsschleife	
jeweils kleinsten x-Wert auslesen	
und löschen:	$O((n+k)\log(n+k))$
n Strecken in Y-Ordnung einordnen	
und herausnehmen (z.B. mit AVL-Baum)	$O(n\log(n))$
k Strecken in Y-Ordnung vertauschen	$O(k\log(n))$
k Schnittpunkte in X-Ordnung einfügen	$O(k\log(n+k))$
Insgesamt:	$O((n+k)\log(n+k))$

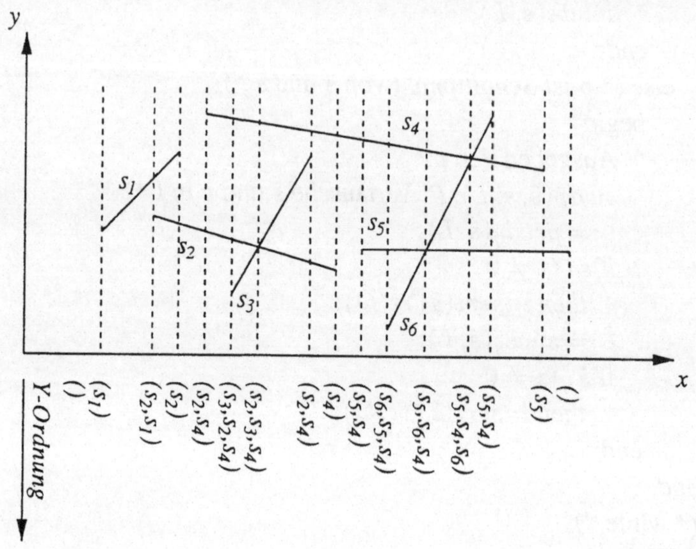

Abbildung 2.6: Bentley-Ottmann Algorithmus.

Da $k < n^2$, gilt $\log(n+k) = O(\log n)$. Dieses Ergebnis ist noch einmal im folgenden Satz zusammengefaßt.

Satz:

Der Bentley-Ottmann Algorithmus bestimmt alle k Schnittpunkte von n gegebenen Strecken in der Ebene in der Zeit $T_{max}(n) = O((n+k)\log n)$. Sein Speicherbedarf ist $S_{max}(n) = O(n+k)$.

Der Speicherplatz von $S_{max}(n) = O(n+k)$ ist nicht optimal und kann mit Erweiterungen auf $O(n)$ gedrückt werden.

Bei Szenen mit vielen Schnittpunkten kann durchaus $k = O(n^2)$ entstehen, und es gilt $T_{max}(n) = O(n^2 \log n)$, was schlechter als der naive Algorithmus mit $T_{max}(n) = O(n^2)$ ist.[3]

Da nicht bewiesen werden kann, daß der Bentley-Ottmann Algorithmus optimal ist, hat es nicht an Versuchen gefehlt, einen schnelleren Algorithmus zu entwickeln.

---

[3]Nebenbei bemerkt: Wenn man zwei Algorithmen A und B für dasselbe Problem hat und wenn $T^A_{max}(n) = O(f_A(n))$, $T^B_{max}(n) = O(f_B(n))$ gilt, so kann man auch auf einer sequenziellen Maschine durch stückweise Parallelisierung der Algorithmen erreichen, daß $T^{A\|B}_{max}(n) = O(\min(f_A(n), f_B(n))$ gilt. Mit dieser Methode könnte man also bei Parallelausführung des Bentley-Ottmann Algorithmus in Kombination mit der naiven Methode insgesamt $T_{max}(n) = O(n^2)$ erhalten.

Chazelle und Edelsbrunner gelang es schließlich 1984 (siehe [Cha84]), einen Algorithmus zu präsentieren, der das Problem in $T_{max}(n) = O(k + n \log n)$ löst. Dieser Algorithmus ist allerdings sehr kompliziert und kann als nicht implementierbar gelten; sein Zeitverhalten ist jedoch optimal.

2.2.2 Lösung mit Zellraster

Nun wollen wir die Schnittpunktbestimmung in einer allgemeinen Szene über Zellraster betrachten. Hier hatte der Bentley-Ottmann Algorithmus eine Zeitkomplexität von $T_{max}(n) = O((n + k) \log n)$.

Gegeben:

n Strecken in der Ebene.

Gesucht:

Alle Schnittpunkte der Strecken.

Mit der oben erarbeiteten Zellrasterstruktur verläuft der Algorithmus so, daß für jede Zelle die in ihr befindlichen Strecken paarweise auf Schnittpunkte geprüft und die gefundenen Schnittpunkte ausgegeben werden.

Bei K_0-rastergünstigen Szenen beträgt der Aufwand zur Bearbeitung einer einzelnen Zelle wie oben $T_{max}(n) = O(K_0^2) = O(1)$.

Satz:

Bei der Klasse der K_0-rastergünstigen Szenen ermittelt das Zellrasterverfahren alle Schnittpunkte von n Strecken in $T_{max}(n) = O(n)$.

Beweis:

Analog zu oben mit anderen Faktoren. □

Das Ergebnis zeigt deutlich, daß in der algorithmischen Praxis die Zellrasterverfahren sehr günstige Rechenzeitverhalten liefern, zumal realistische graphische Daten in der Regel nur aus verhältnismäßig kurzen Strecken bestehen. Einzelne lange Strecken sind hier im übrigen unschädlich und beeinträchtigen die günstige Rasterkomplexität einer Szene nicht.

Besonders gut für die Zellrastertechnik geeignet sind auch dynamische Probleme:

Gesucht:

(a) Zu beliebigen Anfragestrecken S die Schnittpunkte mit den Strecken S_i, wobei die Anfragen nacheinander abgearbeitet werden sollen.

(b) Effiziente Ausführung der folgenden Operationen:
1. Einfügen neuer Strecken in die Menge der S_i.
2. Löschen einzelner Strecken aus der Menge der S_i.
3. Schnittpunktanfragen mit Anfragestrecke S.

($\rightarrow$ voll dynamisiertes Problem)

Das Problem in (a) ist sofort lösbar, denn man kann mit der Anfragestrecke S unmittelbar auf die relevanten Zellen zugreifen und die erforderlichen Schnittpunkttests durchführen. Auch das Problem in (b) läßt sich einfach lösen, denn man benötigt die Einfüge- und Entferne-Operationen jeweils nur auf Zellbasis.

Es gibt eine generelle Strategie zur Verbesserung des Zellrasterverfahrens mit dem Ziel, das theoretische Zeitverhalten im schlechtesten Fall zu verbessern. Man kann z.B. in der einzelnen Zelle den Bentley-Ottmann-Algorithmus anwenden, um dort alle Schnittpunkte zu bestimmen. Die Strecken werden jeweils so verkürzt, daß nur noch die in der Zelle liegenden Teile übrigbleiben und sich die Sweep-Line nur noch über die einzelne Zelle bewegt. Man hat dann in einer Zelle nicht mehr notwendigerweise den quadratischen Aufwand bezüglich der Schnittpunktberechnungen.

Eine weitere Möglichkeit der Verfeinerung besteht darin, Zellen mit vielen kurzen Strecken ihrerseits rekursiv mit dem Zellrasterverfahren zu bearbeiten, d.h. weiter zu unterteilen.

2.3 Schnitt einer Geraden mit einem Polygon

Das Problem der Schnittbestimmung zwischen einer Geraden und einem Polygon kann mit dem Bentley-Ottmann Algorithmus in $T_{max}(n) = O(n \log n)$ gelöst werden. Die Kanten werden hier sortiert, um auch die Schnittpunkte in sortierter Reihenfolge ausgeben zu können. Dies ist für den Aufwand verantwortlich.

Im Falle des Schnitts mit einem einfachen Polygon wird aber schon eine Art Sortierung vorgegeben, da sich hier keine zwei Polygonkanten schneiden dürfen. Es entsteht eine sog. geschlossene Jordankurve.

Ein für die theoretische Computergraphik recht interessantes Resultat enthält eine Arbeit von Hoffman, Mehlhorn et al. aus dem Jahre 1986 (siehe [HMRT86]). Hier wurde diese Eigenschaft ausgenutzt, um einen Algorithmus mit einer Zeitkomplexität von $T_{max}(n) = O(n)$ und sortierter Schnittpunktausgabe zu liefern.

Gegeben:

Die Eckpunktsequenz $p_1, p_2, .., p_n$ eines einfachen Polygons P und eine beliebige Gerade G.

Gesucht:

Alle Schnittpunkte der Geraden G mit den Kanten des Polygons P, und zwar in der auf G sortierten Reihenfolge.

Satz:

Die Schnittpunkte einer Geraden mit einem einfachen Polygon (n Eckpunkte) können in $T_{max}(n) = O(n)$ berechnet und sortiert werden.

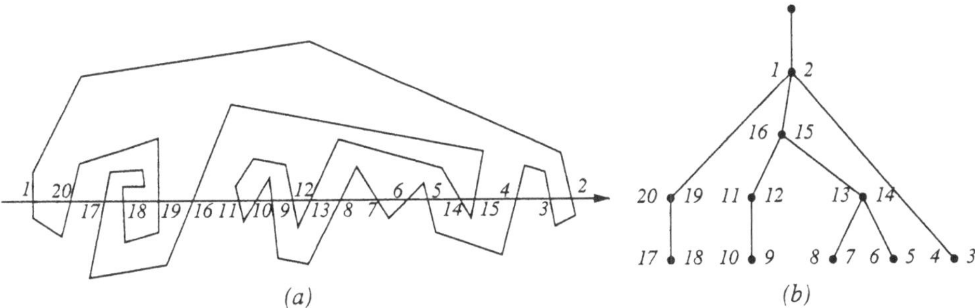

Abbildung 2.7: (a) Szenario bei Schnitt von Gerade und Polygon; (b) zugehörige Baumstruktur.

O.b.d.A. sei die x-Achse die Schnittgerade.

In einem ersten Schritt werden die Polygonkanten durchlaufen und die Schnittpunkte $S = \{s_1, s_2, .., s_k\} (k \leq n)$ in Durchlauf-Reihenfolge ermittelt. Der Zeitbedarf hierfür ist $T_{max}(n) = O(n)$.

Zwischen zwei Schnittpunkten verläuft das Polygon ganz über oder ganz unter der x-Achse (siehe Abbildung 2.7(a)). Da es sich um ein einfaches Polygon handelt, können sich diese Polygonteile nicht schneiden. Topologisch kann man sich den Polygonverlauf auch in Form von *Halbkreisen* ober- und unterhalb der x-Achse vorstellen (siehe Abbildung 2.8).

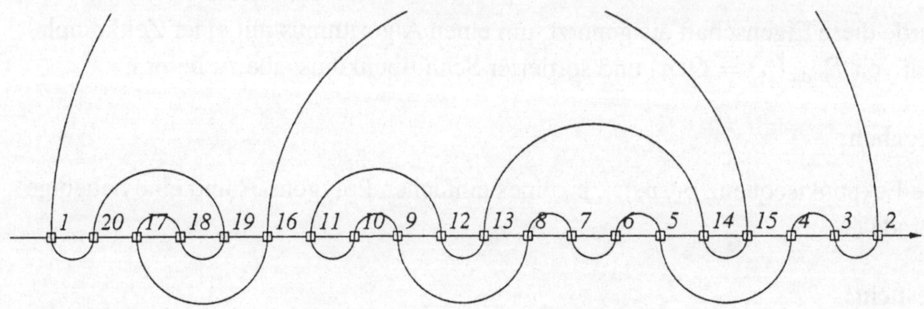

Abbildung 2.8: Halbkreis-Topologie.

Man kann nun sukzessive eine doppelt verkettete Liste der Schnittpunkte aufbauen, in der in jedem Listenelement sowohl der auf der x-Achse jeweilige Vorgänger und Nachfolger als auch die über Halbkreise verbundenen Punkte abgelegt werden.

Eine andere Möglichkeit ist der Aufbau eines Baumes, dessen Knoten Schnittpunktpaare darstellen, die durch *über* der Schnittgeraden liegende Polygonteile direkt verbunden sind. Ein Knoten ist Vater eines zweiten, wenn die Verbindung zwischen seinen zwei Punkten die Verbindung der Punkte des Sohnknotens einschließt (siehe Abbildung 2.7(b)).

Wird der Baum mit Tiefensuche durchlaufen (Ausgabe linker Punkt, Ausgabe Kinder, Ausgabe rechter Punkt, d.h. man läuft auf der einen Seite der Baumkante hinunter und auf der anderen hoch), so erhält man die richtige Sortierreihenfolge der Schnitte. Dasselbe erreicht man mit der doppelt verketteten Liste, wenn man sie abläuft, indem man jeweils die über Halbkreise verbundenen Punkte nimmt.

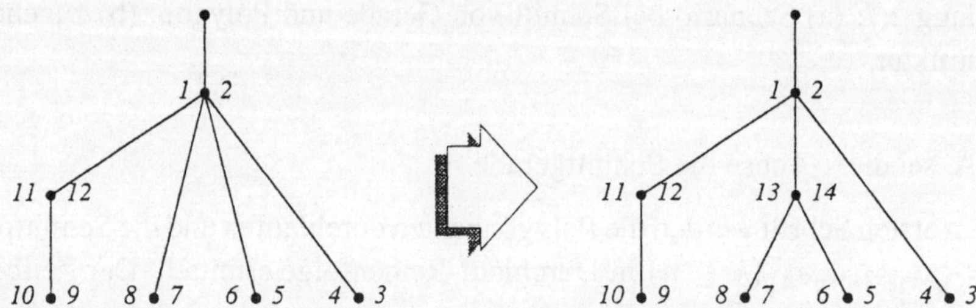

Abbildung 2.9: Einfügeoperation.

Beim sukzessiven Aufbau des Baumes bzw. der Liste ist die kritische Operation das Einfügen eines seinerseits umschließenden Kindes. Hierfür müssen die umschlossenen Gebiete unter den Kindern eines Knotens gefunden werden (siehe Abbildung

2.9; hier ist das Einfügen des Knotens zu den Schnittpunkten 13/14 gezeigt, der die Kinder des Knotens zu den Schnittpunkten 1/2, nämlich 8/7 bzw. 6/5 umschließt).

Wird eine Familie (Vater plus Kinder) als zirkuläre doppeltverkettete Liste gespeichert, so wird hierfür ein Aufwand von $T_{max}(m,p,q) = O(\min\{|p-q|, m-|p-q|\})$ benötigt. Hierbei ist m die Anzahl der Schnittpunkte der Kinder, p der erste Schnittpunkt, dessen x-Koordinate größer ist als x_1 und q der letzte Schnittpunkt, dessen x-Koordinate kleiner ist als x_2. Als Gesamtkomplexität ergibt sich in diesem Fall $T_{max}(n) = O(n \log n)$.

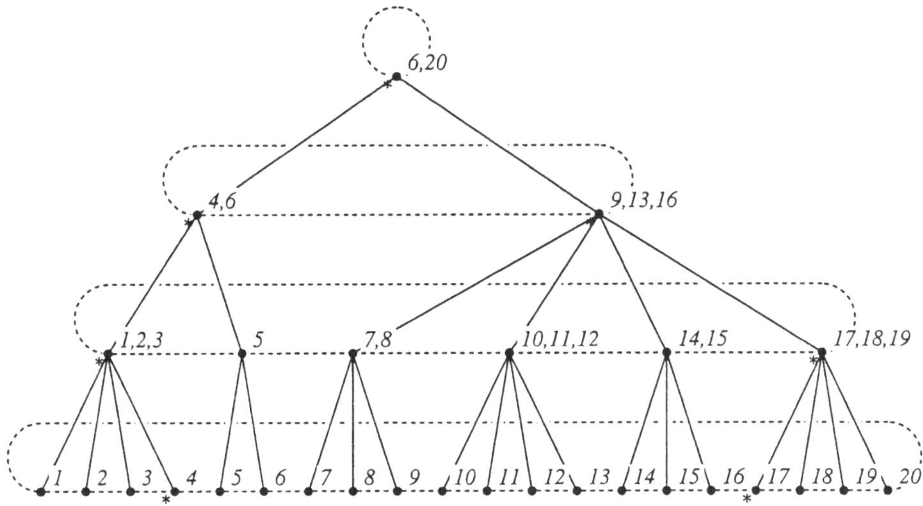

Abbildung 2.10: Struktur eines 2,4-Baums für die Zahlen 1...20

Werden aber alle Familien als sog. „level linked 2,4-trees" (Ebenen-verkettete 2,4-Bäume) gespeichert, kann das Einfügen effizienter geschehen. Diese Bäume verwalten sortierte Listen, und es kann folgendes gezeigt werden:

1. Einfügen eines Elements amortisiert $O(1)$
2. Löschen eines Elements amortisiert $O(1)$
3. Zerlegen eines Teilbaums in einen $|p-q|$ und einen $m-|p-q|$ Teilbaum amortisiert $O(\log\min\{|p-q|, m-|p-q|\})$

Die Bezeichnung „amortisiert" bedeutet, daß die einzelne Operation im schlechtesten Fall länger dauert, der Gesamtaufwand geteilt durch die Anzahl der Operationen aber die angegebenen Zeitschranken ergibt.

In Abbildung 2.10 ist eine sortierte Liste der Zahlen 1...20 mit zugehörigem 2,4-Baum dargestellt. Die gekennzeichneten Elemente zeigen den Zugriffspfad für den Listenteil von 4...16. Analog werden die Kinder eines Knotens verkettet, wobei allerdings die Kinder ihrerseits Familien und damit 2,4-Bäume sein können.

Beim Einfügen des neuen Kindes kann die Suche nach den Koordinaten x_p und x_q in der Zeit $T_{max}(m,p,q) = O(\log \min\{|p-q|, m-|p-q|\})$ geschehen. Dies ist den Querverkettungen auf jeder Ebene des Baumes zu verdanken. Nun läßt sich folgende Rekurrenzrelation aufstellen:

$$\begin{aligned} T(1) &= O(1) \\ T(m) &= \max_{1\leq i<m} (T(i) + T(m-i) + b \cdot \log \frac{m}{2}) \\ \text{Lösung:} \quad T(m) &= O(m) \end{aligned}$$

Man erhält in diesem Fall eine Komplexität von $T_{max}(n) = O(n)$.

Der restliche Aufwand des Grundalgorithmus hat ebenfalls eine Komplexität von $O(n)$. Somit entspricht der zweite Ansatz genau der Aussage des obigen Satzes, womit dieser bewiesen wäre. Zusammengefaßt gilt:

Vorverarbeitung	
Schnittpunkte in Durchlaufreihenfolge ermitteln:	$O(n)$
Arbeitsschleife	
Gesamtkomplexität ohne Operationen auf Familien-Listen:	$O(n)$
Operationen auf Familien-Listen als Ebenen-verkettete 2,4-Bäume:	$O(n)$
(bzw. als zirkuläre Liste:	$O(n \log n)$)
Baum auslesen:	$O(n)$
Insgesamt:	$O(n)$ bzw. $O(n \log n)$

Das bewiesene Ergebnis liefert, wenn ein Polygon an vier Geraden geschnitten und zerlegt wird, folgende Aussage:

Satz:

Einfache Polygone können in linearer Zeit an einem Rechteckfenster geklippt werden und zwar so, daß die innenliegenden Teilpolygone wieder einfach sind.

Dieses Resultat ist aus theoretischer Sicht wichtig, für praktische Implementierungen aber wegen der Kompliziertheit des Algorithmus bedeutungslos. Im folgenden Abschnitt wird ein Clipping-Algorithmus vorgestellt, dessen Ergebnisse zwar keine einfachen Polygone sind, die aber mit entsprechenden Algorithmen leicht nachbearbeitet (z.B. gefüllt) werden können.

2.4 Clipping

Bei der Darstellung von Strecken oder Polygonen auf Monitoren oder anderen Ausgabegeräten wie Druckern, Plottern usw. kann es vorkommen, daß die abzubildenden Objekte ganz oder teilweise außerhalb des Darstellungsbereiches (z.B. der Fensterumrandung) liegen. Die Objekte müssen in diesem Fall an den Begrenzungslinien abgeschnitten werden, d.h. Bereiche, die außerhalb dieser Grenzen liegen, müssen entfernt werden. Diesen Vorgang nennt man auch Clipping (Abschneiden).

Für die meisten Anwendungen kann man von einem Clipping-Gebiet in Form eines achsenparallelen Rechtecks ausgehen. Ein Bildpunkt wird folglich nur dann gesetzt, wenn er innerhalb der Clipping-Grenzen liegt, d.h. wenn gilt: $x_{min} \leq x \leq x_{max}$ und $y_{min} \leq y \leq y_{max}$.

Weitere Anwendungen von Clipping-Algorithmen sind beispielsweise Visualisierungsprobleme im $\mathbb{R}^3$, bei denen Volumina ausgeschnitten werden müssen, um die Sicht auf „innere“ Details zu ermöglichen.

2.4.1 Clipping von Strecken

Das Problem des Abschneidens von Strecken löst ein von Cohen und Sutherland entwickelter Algorithmus (siehe [FvDFH82]). Er geht von einer Einteilung der Ebene in neun Bereiche aus und ordnet jedem Endpunkt einer Strecke den entsprechenden Bereich zu (siehe Abbildung 2.11(a)).

Jede Strecke kann höchstens einen sichtbaren Bereich haben. In Abbildung 2.12(a) sind die möglichen Lagen der Strecke zum Clipping-Bereich darstellt.

Durch einfache Vergleiche bzw. Tests kann man feststellen, in welchen Regionen die Endpunkte liegen und somit die ganze Strecke, d.h. ob sie unsichtbar, teilweise sichtbar oder ganz sichtbar ist.

Eine effiziente Kennzeichnung der neun Bereiche kann über einen vierstelligen Binärcode geschehen (siehe Abbildung 2.11(b)), denn es müssen in diesem Fall nur einfache logische Bit-Verknüpfungen (*and* bzw. *or*) ausgeführt werden.

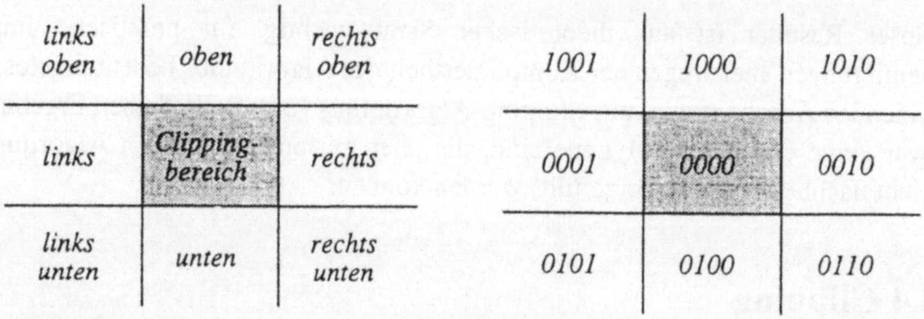

links oben	oben	rechts oben
links	Clipping-bereich	rechts
links unten	unten	rechts unten

1001	1000	1010
0001	0000	0010
0101	0100	0110

Abbildung 2.11: (a) Bereichseinteilung beim Clipping von Strecken; (b) mit entsprechendem Binärcode.

Gegeben:

Eine Menge S von Strecken, sowie ein Rechteck R.

Gesucht:

$M = S \cap R$.

Der Algorithmus bestimmt die Gebiete, in denen die Endpunkte der Strecke liegen und schneidet entsprechend die Strecke ab.

In Abbildung 2.12(b) wird die Strecke $\overline{pq}$ abgeschnitten. Hierbei wird, da der Punkt p sowohl „oben" als auch „links" liegt, zuerst der Schnittpunkt mit der linken Begrenzungskante ermittelt, und die übriggebliebene Strecke wird dann erneut an der oberen Begrenzungskante abgeschnitten. Dieser zweifache Schnitt ist aber nicht aufwendiger als eine einmalige Schnittbestimmung mit vorangehender Steigungsanalyse.

Algorithmus: Clipping von Strecken (Cohen & Sutherland), [FvDFH82]

(1) *Ordne den Endpunkten p, q jeder Strecke den Bereich bzgl. des Fensters mengentheoretisch zu.*
Mengenelemente sind: „links", „rechts", „oben" und „unten".
Jeder der neun Bereiche ist durch zwei dieser Mengen gekennzeichnet, die im ersten und zweiten Bit-Paar abgelegt sind.

(2) *Falls $Code(p) \cup Code(q) = \emptyset$, dann ist die Strecke vollständig sichtbar.*

(3) *Falls $Code(p) \cap Code(q) \neq \emptyset$, dann ist die Strecke vollständig unsichtbar.*

(4) *Sonst nimm den Endpunkt, dem eine nichtleere Menge zugeordnet ist.*
Ersetze ihn durch den Schnittpunkt mit der entsprechenden Begrenzungsgeraden und passe den Bereichscode an.
Wiederhole ab (2) mit der so gekürzten Strecke.

Da maximal viermal geschnitten wird, hat der Algorithmus eine Zeitkomplexität von $O(1)$.

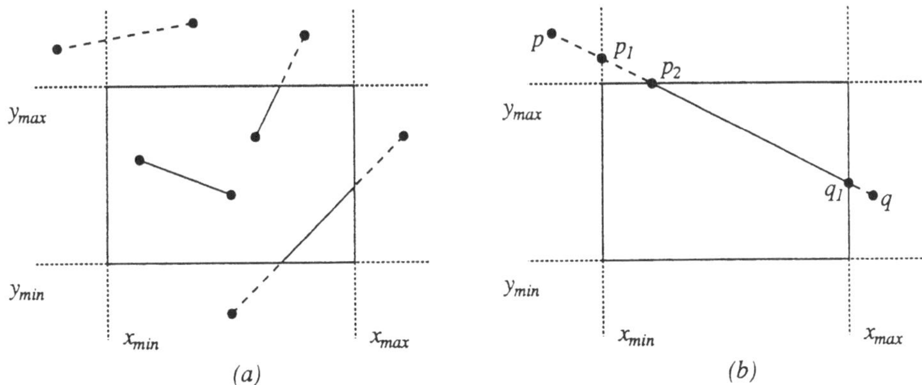

Abbildung 2.12: (a) Mögliche Streckenanordnung; (b) Streckenschnitt.

2.4.2 Clipping einfacher Polygone

Ist statt einer Strecke ein einfaches Polygon gegeben, so können natürlich alle darin enthaltenen Polygonkanten sequentiell mit obigem Algorithmus abgeschnitten werden. Der Nachteil dieser Vorgehensweise ist die Entstehung einer Reihe unzusammenhängender Strecken, die z.B. für spätere Fülloperationen untauglich sind.

Der Algorithmus von Sutherland und Hodgeman schneidet hingegen das Polygon sukzessive an den Clippingkanten ab. Das Ergebnispolygon ist hierbei nicht „einfach“, aber es gilt $T_{max}(n) = O(n)$, und über entsprechend angepaßte Algorithmen kann später eine Füllung durchgeführt werden.

Gegeben:

Ein Polygon P mit n Kanten, sowie ein Rechteck R.

Gesucht:

$M = P \cap R$.

Im nachfolgend geschilderten Algorithmus wird das Polygon P an einer Fensterkante geclippt. Zum effizienten Clipping an einem Fenster können die einzelnen Schnitte in einer Pipeline hintereinander ausgeführt werden, um die Erzeugung von temporären Listen zu vermeiden.

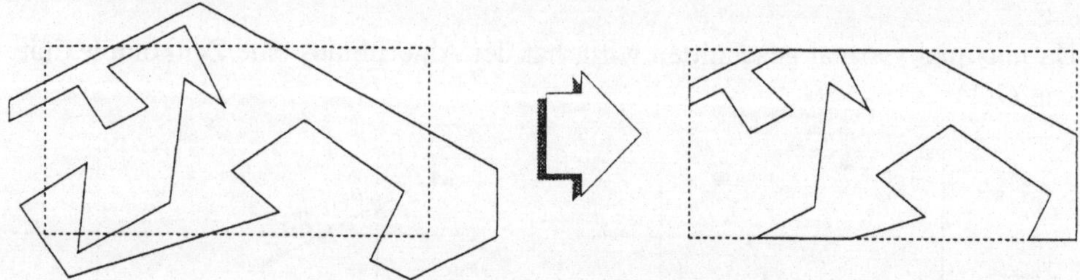

Abbildung 2.13: Polygonclipping.

Das Prädikat *sichtbar(p,k)* bestimmt die Sichtbarkeit eines Punktes p bzgl. der Kante $k = (k_1, k_2)$. Bei achsenparallelem Clippingbereich ist das über einen Koordinatenvergleich möglich, ansonsten genügt das Vorzeichen des Vektorprodukts von $\overrightarrow{p - k_1} \cdot \overrightarrow{k_2 - k_1}$.

Algorithmus: Polygonclipping an Linie (Sutherland & Hodgeman)

begin
    $result = \emptyset$;   *(* Ergebnis-Polygon leer initialisieren *)*
    p = erster Punkt aus P;
    while p existiert do begin
        if (sichtbar(p,k)) then
            result = result $\cup \{p\}$;
        if (schneidet($\overline{p\,succ(p)}$*, k)) then*
            result = result $\cup \{schnittpunkt(\overline{p\,succ(p)}, k)\}$;
        $p = succ(p)$;
    end
end

Das Problem kann auch mit der Verbindungsgraph-Methode gelöst werden, die im nächsten Abschnitt vorgestellt wird, wobei allerdings nur eine Zeitkomplexität von $T_{max} = O(n \log n)$ erreicht wird. Hier ergeben sich als Ergebnisse einfache Polygone, was beim Algorithmus nach Sutherland & Hodgeman eben nicht geschieht.

2.5 Verbindungsgraphen

Bei der Verarbeitung polygonaler Szenen ist eine zusammenhängende, überschneidungsfreie und leicht zu durchlaufende Repräsentation oft hilfreich. Das gilt z.B.

für Mengenoperationen mit Polygonen und für das Bestimmen der sichtbaren Polygonteile einer 3D-Szene.

Der Verbindungsgraph ist eine solche Darstellung. Hierbei bilden die Eck- und Schnittpunkte aller beteiligten Polygone die Knoten. Die Wurzel des Graphen bildet der Punkt mit kleinster x-Koordinate, der zusätzlich die kleinste y-Koordinate hat.

Zur Erleichterung einer späteren Durchwanderung des Graphen werden sog. Ablaufkanten (drain edges) benötigt, um von einem Polygon zum nächsten zu gelangen. Diese müssen u.U. auch künstlich angelegt werden. Das genaue Verfahren zur Erzeugung eines Verbindungsgraphen wird weiter unten beim Aufbau der zugehörigen Datenstruktur erläutert. Die entsprechenden Punkte heißen Ablaufpunkte.

Existieren isolierte Polygone, die von keinem anderen Polygon geschnitten werden, so werden sie mit derselben Technik in den Verbindungsgraphen eingefügt. Eine polygonale Szene mit zugehörigem Graphen ist in Abbildung 2.14 skizziert.

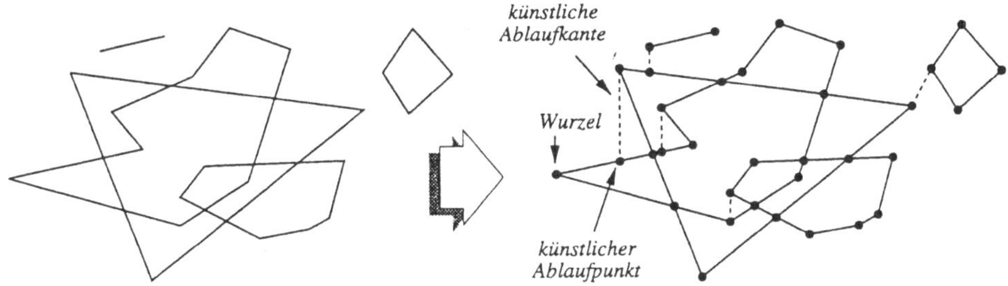

Abbildung 2.14: Aufbau einer polygonalen Szene als Verbindungsgraph.

Die Erzeugung eines Verbindungsgraphen ist mit einem modifizierten Plane-Sweep-Verfahren wie dem Bentley-Ottmann Algorithmus aus Abschnitt 2.2 in der Zeit $T_{max}(n) = O((n+k)\log n)$ möglich. Dies soll nachfolgend gezeigt werden.

Ist der Graph aufgestellt, so kann ein weiterer Schritt darin bestehen, ihn in eine Baumstruktur umzuwandeln. Dazu werden an jedem Knoten all diejenigen Kanten für das Durchlaufen unpassierbar gemacht, die zu Punkten mit kleinerer x-Koordinate führen. Ausnahme ist die Kante, welche die größte Steigung hat, bei der es sich um die oben bereits erwähnte Ablaufkante handelt. In Abbildung 2.15(a) ist dies an einem Knoten dargestellt. Abbildung 2.15(b) zeigt den Verbindungsgraphen in Baumstruktur.

Nun können z.B. geometrische Mengenoperationen durch Entlanglaufen auf den Kanten des Graphen bzw. Baumes realisiert werden. Hierbei wird systematisch zwi-

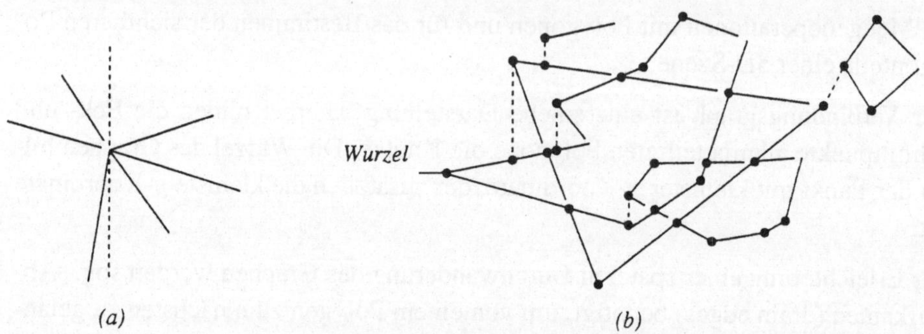

Abbildung 2.15: (a) Ablaufknoten; (b) Umwandlung: Verbindungsgraph in Baum.

schen den zu den jeweiligen Polygonen gehörenden Kanten gewechselt. Näheres hierzu in Abschnitt 2.6.

Um einen Verbindungsgraphen aufzustellen, wird eine Variante des Bentley-Ottmann Algorithmus angewandt, die neben den Schnittpunkten der einzelnen Segmente auch die Datenstruktur des Graphen liefert. Dies ist möglich, da der Graph sukzessive mit der X-Ordnung aufgebaut werden kann.

Hierbei werden folgende Operationen zusätzlich eingebaut:

1. Aufspüren von Kontaktpunkten zwischen aneinandergefügten Polygonkanten (für Ablaufkanten), nicht nur von Schnittpunkten. Diese Punkte sind notwendig für die Berechnung von Mengenoperationen. Die Endpunkte von Strecken und die Schnittpunke sind Knoten des Verbindungsgraphen.

2. Berechnung der künstlichen Ablaufkanten (*artificial drain edges*) und ihrer Aufsetzpunkte. Falls es zum linken Eckpunkt eines Polygons, der aktuell von der Sweep-Line erfaßt wird, ein bzgl. der Y-Ordnung kleineres Nachbarsegment gibt, so kann die Sweep-Line selbst als Verbindungskante verwendet werden. Existiert kein solches Segment, wird der Eckpunkt durch eine künstliche Kante mit dem Endpunkt mit bisher größtem x-Wert und gleichzeitig kleinerer y-Koordinate bzgl. des Eckpunktes verbunden.

Der genaue Aufbau der Datenstruktur eines Verbindungsgraphen ist in Abbildung 2.16 zu sehen. Dargestellt ist ein komplizierter Knoten bzw. Schnittpunkt, in dem sich drei Polygone a, b, c schneiden.

Hierbei sind v_1, v_2, v_3 die herausgegriffenen Knoten des Graphen; $e_1, e_2, \ldots, e_{11}$ bezeichnen Kanten. Die polygonbegrenzenden Liniensegmente sind $S_1, S_2, \ldots, S_7$.

So ist S_1 die Obergrenze des Polygons a, S_3, S_4 sind untere Begrenzungen des Polygons b und S_5, S_6 obere Begrenzungslinien des Polygons c.

In den Graphen ist mit e_{10} eine künstliche Ablaufkante eingefügt; e_4, e_7 und e_{11} sind natürliche Ablaufkanten. [4]

Jeder Knoten hat eine Kantenliste, in der alle notwendigen Informationen abgelegt sind. Die Kanten sind vom Knoten aus gesehen gegen den Uhrzeigersinn geordnet und in zwei Bereiche geteilt. Die Aufspaltung spiegelt die bereits angesprochene Umwandlung des Graphen in einen Baum wieder. Der obere Teil der Kanten verbindet v_1 mit Knoten kleinerer x-Koordinaten. Dies sind Kanten, über die der Knoten erreicht werden kann. Im unteren Teil sind alle weiteren Kanten aufgelistet.

In der ersten Spalte jeder Kante steht der Knotentyp, welcher wie folgt unterschieden wird:

Typ 1	der Knoten ist linker Endpunkt einer Kante
Typ 2	der Knoten ist rechter Endpunkt einer Kante
Typ 3	der Knoten ist kein Endpunkt einer Kante
Typ 4	der Knoten ist linker Endpunkt einer künstlichen Ablaufkante
Typ 5	der Knoten ist rechter Endpunkt einer künstlichen Ablaufkante

Die zweite Spalte beinhaltet die Information über den Kantentyp. Hierbei kann es sich um normale Kanten handeln (ohne Kennzeichnung), bei denen eine Traversierung des Graphen an diesem Knoten stoppt. Im andere Fall sind es Ablaufkanten (natürliche oder künstlich eingefügte), die den Gang über den Knoten ermöglichen. Diese Kanten sind diejenigen mit maximaler Steigung, die von Knoten bzw. Punkten mit kleinerer x-Koordinate kommen. Pro Knoten existiert genau eine Ablaufkante.

In der dritten Spalte findet die Inklusions-Information (*inclusion updating information* ihren Platz. Sie wird während des Durchlaufens durch den Graphen benötigt, um zu entscheiden, welche Polygone betreten oder verlassen werden, wenn man eine neue Kante betritt.

Diese Information wird in jedem Knoten allen Kanten beigefügt und beschreibt, ob das zur Kante gehörende Polygon vom Knoten aus gesehen links der Kante liegt. Beispielweise gilt für e_3 in v_1: das zu e_3 gehörende Polygon b liegt rechts von der Kante ($-b$ in Spalte 3 von e_3).

Die letzte Spalte gibt an, auf welchem Liniensegment die Kante liegt.

[4]Zwei weitere, in der Szene erforderliche Ablaufkanten sind nicht eingezeichnet.

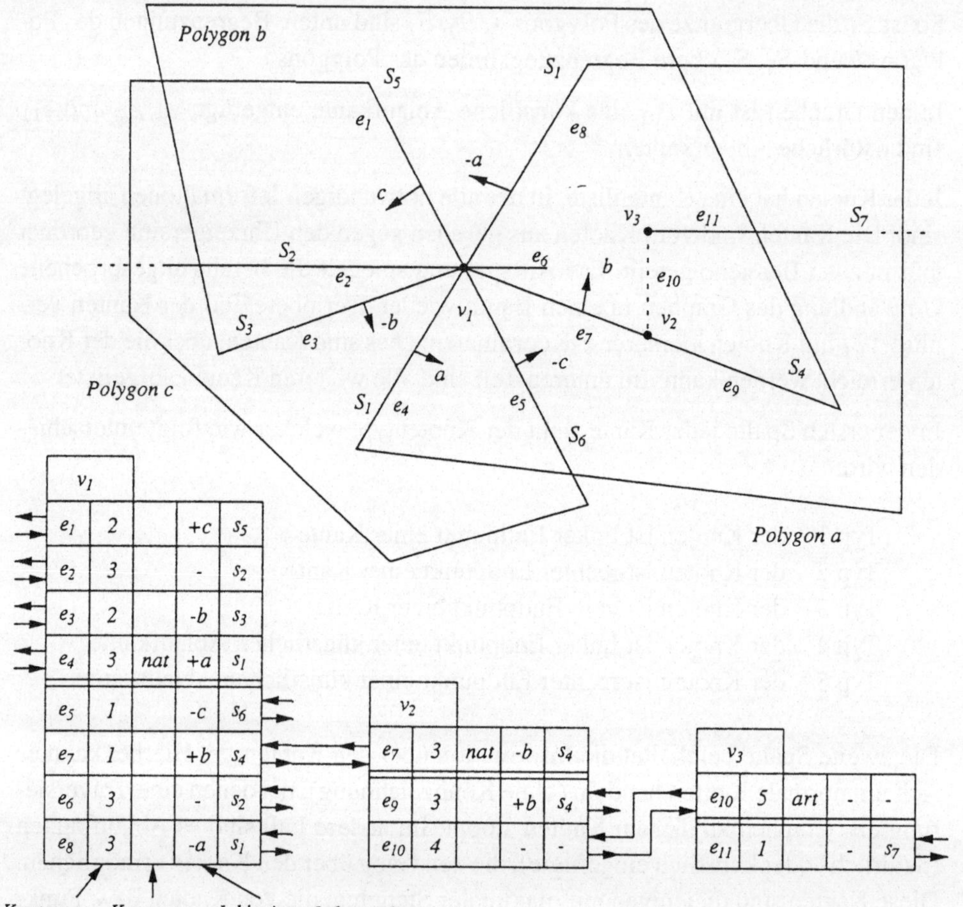

Abbildung 2.16: Datenstruktur eines Verbindungsgraphen.

Da die Kanten in jedem Knoten gegen den Uhrzeigersinn geordnet sind, kann das gesamte Inklusionsgeschehen beim Übergang von der Ablaufkante e_4 nach e_8 durch das Aufsammeln der Inklusions-Information der dazwischenliegenden Kanten gewonnen werden (in diesem Fall: $-c$, $+b$). So ergibt sich für diesen Übergang: c wird verlassen und b betreten.

Der Inklusionsstatus, d.h. die Menge der Polygone, zu deren Inhalt das Gebiet links der Kante gehört, ist definiert durch:

$$M_e := \{P_i | \text{Gebiet links von } e \text{ gehört zu } P_i\}, \text{ mit } n_e := \max_e |M_e|.$$

Dieser Status muß bei Mengenoperationen während der Durchwanderung der Verbindungsgraphen mitgeführt werden. Folgende Operationen sind nötig (Aufwand T_{max} bei Liste mit Array-Datenstruktur):

$Initialisiere(M)$	$O(n_e)$
$Insert(P, M)$	$O(1)$
$Delete(P, M)$	$O(1)$
$Member(P, M)$	$O(1)$

Das Mitführen des Inklusionsstatus beansprucht bei einer vollständigen Durchwanderung zusätzlich eine maximale Zeit von $T_{max}(n) = O(n + k)$, da $n_e < n$.

Insgesamt gelten die folgenden Aussagen:

1. Ein Verbindungsgraph von Polygonen mit ingesamt n Kanten und k Schnittpunkten zwischen diesen Kanten kann in der Zeit $T_{max}(n) = O((n + k) \log n)$ erzeugt werden. Dazu wird eine Erweiterung des Bentley-Ottmann Algorithmus verwendet.

2. Sein Speicherbedarf ist $S_{max} = O(n + k)$.

3. Es gibt eine Durchwanderungsstrategie, die jede Kante genau zweimal, d.h. in beiden Richtungen genau einmal durchläuft und stets den aktuellen Inklusionsstatus mitführt.

Die zusätzlichen Ablaufkanten verändern nichts an der Zeit- und Speicherkomplexität, denn:

1. Es gibt höchstens $O(n)$ Ablaufkanten.

2. Ablaufkanten sind schnittpunktfrei.

3. Das Plane-Sweep-Verfahren erkennt die Punkte, die eine Ablaufkante benötigen, auf einfache Weise und kann diese problemlos einfügen.

Zusammengefaßt läßt sich sagen, daß es durch eine geringfügige Modifikation des Streckenschnittalgorithmus nach Bentley-Ottmann möglich ist, eine nützliche Repräsentation der polygonalen Szene mit wenig Zeitaufwand herzustellen, die eine effektive Weiterverarbeitung ermöglicht. Dieses werden wir auch im nächsten Abschnitt sehen.

2.6 Mengenoperationen mit zwei Polygonen

Mengenoperationen mit Polygonen sind z.B. Durchschnitt, Vereinigung, Subtraktion. Um diese Operationen auszuführen, benötigen wir die bereits kennengelernte Verbindungsgraph-Methode, die wiederum auf den Schnitt von Strecken zurückgreift.

Vorgehensweise

(1) *Stelle für die gesamte Szene den Verbindungsgraphen auf. (Keine Umwandlung in die Baumstruktur.)*

(2) *Durchwandere Verbindungsgraphen und markiere die relevanten Grenzkanten (diese bilden Zyklen).*

(3) *Berichte die Zyklen der Grenzkanten als Ergebnis der Operation.*

In einem Beispiel soll das Vorgehen veranschaulicht werden. Hierbei wird eine vereinfachte, ausgedünnte Darstellung des Verbindungsgraphen verwendet, in der nur Schnittpunkte zwischen den Polygonen als Knoten verwendet werden. Die zwischen den Schnittpunkten auf Polygonrändern liegenden Punkte sind weggelassen. Diese Information ist aus den Polygondefinitionen abzulesen, wenn dort z.B. nach positiver Umlaufrichtung sortiert wurde.

Zusätzlich wird in den Knoten des Verbindungsgraphen noch der jeweils vorangehende Randpunkt beider Polygone abgelegt, der kein Schnittpunkt war.

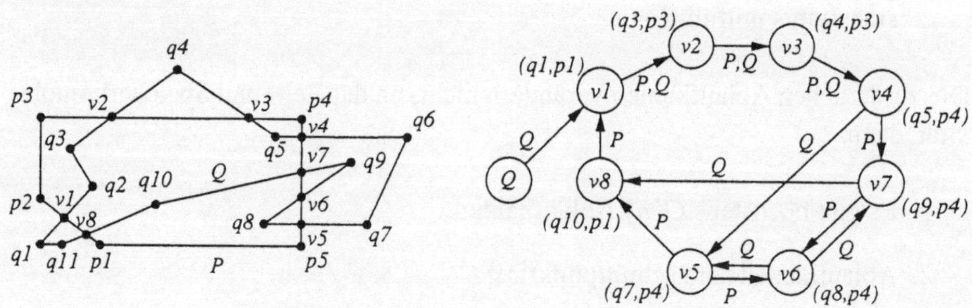

Abbildung 2.17: Ausgedünnter Verbindungsgraph.

Die Kanten tragen als Information, ähnlich wie oben, ihre Zugehörigkeit zu einem der beiden Polygone. Im folgenden werden Kanten eines Polygons P als P-Kanten bezeichnet.

Abbildung 2.17 zeigt die Ausgangspolygone und den ausgedünnten Verbindungsgraphen.

Gegeben:

Der vereinfachte Verbindungsgraph zweier Polygone P und Q.

Gesucht:

Ergebnis der Mengenoperation $P - Q$ (in Form einfacher Polygone S_i).

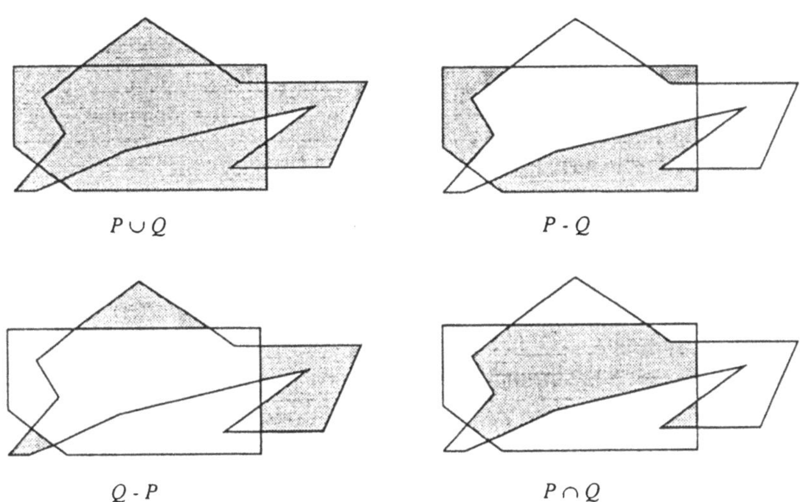

Abbildung 2.18: Ergebnispolygone nach Mengenoperationen.

Algorithmus: Polygonsubtraktion mit Verbindungsgraph

begin
while (noch nicht alle Schnittpunkte besucht) do begin
Suche einen noch nicht besuchten Schnittpunkt v, bei dem zu P gehörige Kanten den Rand von Q von innen nach außen passieren;
Markiere den Schnittpunkt als besucht;
while (nicht zurück am Ausgangspunkt) do begin
Traversiere von s ausgehend den Graphen zu den nächsten Schnittpunkten, indem alternierend P- und Q-Kanten zwischen den Schnittpunkten abgegangen werden (P-Kanten im Uhrzeigersinn, Q-Kanten im Gegenuhrzeigersinn!);
Markiere hierbei alle besuchten Knoten als verarbeitet;
end;
end;
end;

Im oben genannten Beispiel ergeben sich folgende drei Ergebnispolygone:

$$\begin{aligned} S_1 &= v_1, p_2, p_3, v_2, q_3, q_2; \\ S_2 &= v_3, p_4, v_4, q_5; \\ S_3 &= v_7, v_6, q_8, v_5, p_5, p_1, v_8, q_{10}; \end{aligned}$$

Der Algorithmus kann analog für die Durchschnittsbildung implementiert werden, allerdings ändert sich in diesem Fall die Durchlaufrichtung.

Algorithmus: Polygondurchschnitt mit Verbindungsgraph

```
begin
    while (noch nicht alle Schnittpunkte besucht) do begin
      Suche einen noch nicht besuchten Schnittpunkt v, bei dem zu P
        gehörige Kanten den Rand von Q von außen nach innen
        passieren;
      Markiere den Schnittpunkt als besucht;
      while (nicht zurück am Ausgangspunkt) do begin
        Traversiere von s ausgehend den Graphen zu den nächsten
          Schnittpunkten, indem alternierend P- und Q-Kanten
          zwischen den Schnittpunkten abgegangen werden
          (P-Kanten und Q-Kanten im Uhrzeigersinn!);
        Markiere hierbei alle besuchten Knoten als verarbeitet;
      end;
    end;
end;
```

Für die Polygonvereinigung treten hier jedoch Probleme auf, falls es „Löcher" gibt. Die Vereinigung der Polygone P und Q kann allerdings ersetzt werden durch

$$P \cup Q = P \backslash Q \; \cup \; P \cap Q \; \cup \; Q \backslash P,$$

wobei keine Löcher entstehen.

Satz:

Mengenoperationen wie Durchschnitt, Vereinigung und Subtraktion von zwei durch ebene Polygone definierten (evtl. zerstückelten oder durchlöcherten) Gebieten ist in der Zeit $T_{max}(n) = O((n+k)\log n)$ möglich, wobei n die Anzahl aller Polygonkanten und k die Anzahl der Schnittpunkte zwischen ihnen ist.

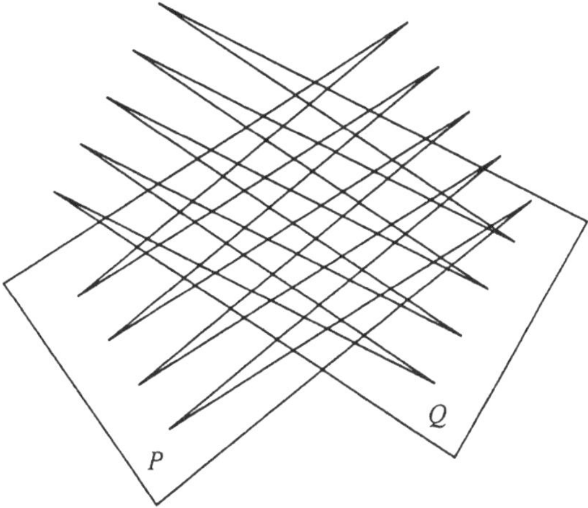

Abbildung 2.19: Schlimmster Fall bei Polygonoperationen.

Beweis:

Entsprechend obigem Algorithmus muß zuerst der Verbindungsgraph aufgestellt werden, dann wird er durchwandert, und die Punkte werden berichtet. Hierbei wird jede Kante höchstens zweimal besucht. □

Vorverarbeitung	
Verbindungsgraphen aufstellen:	$O((n+k)\log n)$
Arbeitsschleife	
Durchwandern und Berichten:	$O(n+k)$
Insgesamt:	$O((n+k)\log n)$

Es kann allerdings $k = O(n^2)$ vorkommen (siehe Abbildung 2.19), da zwei Polygone mit n Kanten $\frac{n^2}{2}$ Schnittpunkte haben können.

2.7 Schnitt konvexer Polygone

Oft können vereinfachende Annahmen über die zu behandelnden Polygone gemacht werden. Gerade bei der graphischen Darstellung und Schattierung sind Polygone häufig sehr einfach, so daß sich das Nachdenken über Spezialfälle lohnt. Im folgenden seien konvexe Polygone gegeben.

Gegeben:

Zwei konvexe Polgyone P_1, P_2 mit insgesamt $n_1 + n_2 = n$ Kanten.

Gesucht:

$S = P_1 \cap P_2$.

Satz:

Der Schnitt zweier konvexer Polygone mit insgesamt n Kanten ist in der Zeit $T_{max}(n) = O(n)$ möglich.

Beweis:

Die Aufstellung des Verbindungsgraphen läßt sich in diesem Fall in $T_{max}(n) = O(n)$ bewerkstelligen.

Dazu werden P_1 und P_2 in jeweils einen oberen und unteren Kantenzug (monotone Kette) zerlegt. Dies ist durch einfaches Rundumgehen in den Polygonen in $T_{max}(n) = O(n)$ möglich. Seien L_1, L_2, L_3, L_4 diese Kantenzüge.

Die Vorverarbeitung des veränderten Bentley-Ottmann Algorithmus zur Aufstellung des Verbindungsgraphen in Form von Sortierung der x-Ereignisse ist auf diese Weise nicht nötig, da die x-Sortierung auf L_1 bis L_4 schon vorliegt und die Liste der Haltepunkte durch Merge-Sort (Reißverschlußverfahren) der L_i in $T_{max}(n) = O(n)$ erzeugt werden kann.

Aufgrund der Konvexität sind in der Y-Ordnung maximal vier Kanten enthalten, und alle Operationen können in $O(1)$ ausgeführt werden.

Die Anzahl der Haltepunkte beschränkt sich auf $O(n+k) = O(n)$, da bei konvexen Polygonen $k \leq n$ (k Schnittpunkte) gilt. Der Verbindungsgraph kann nun in $T_{max}(n) = O(n)$ aufgestellt werden.

Das Durchwandern ist (siehe oben) ebenfalls in $O(n+k) = O(n)$ möglich. □

2.8 Bestimmung aller Polygonschnittpaare

Neben Mengenoperationen mit zwei beteiligten Partnern ist eine häufig gestellte Aufgabe die der Bestimmung aller sich schneidenden Polygonpaare von Polygonen einer gegebenen Menge. Wichtige Beispiele sind wieder das Entfernen verdeckter Kanten bzw. Flächen und die Zerlegung der Ebene in Gebiete, die einfach, zweifach usw. von Polygonen überlappt werden.

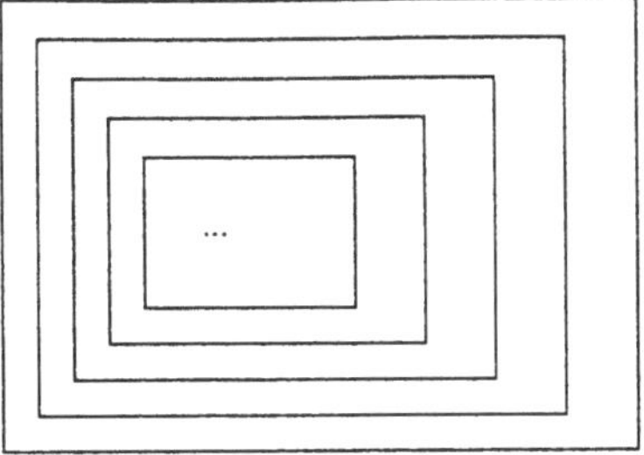

Abbildung 2.20: Ungünstig zu schneidende Polygonszene ($r = O(m^2), k = 0$).

Satz:

Die Bestimmung aller Paare (P_i, P_j) sich schneidender ebener Polygone einer Menge M mit $|M| = m$ und $|P_i| = n_i$ Kanten pro Polygon kann in der Zeit $T_{max}(n) = O(r + (n + k) \log n)$ berechnet werden. Hierbei ist $n = \sum_{i=1}^{m} n_i$, r die Anzahl auszugebender Paare und k die Anzahl der Schnittpunkte von Polygonkanten.

Beweis:

Der Verbindungsgraph wird aufgestellt und dann mit Inklusionsstatus M durchwandert. Hierbei werden immer dann, wenn M um ein Polygon P_i erweitert wird ($M := M \cup \{P_i\}$), alle Paare $\{(P_i, x) | x \in M\}$ ausgegeben.

Da dasselbe Paar u.U. sehr oft aufgezählt wird, müssen in einem anschließenden Schritt alle überzähligen Paare aussortiert werden. (Diese Tatsache wird in der Schnittpunktzahl k subsummiert, da entsprechend oft sich schneidende Kanten beider Polygone vorhanden sein müssen.) □

Schneiden sich alle Polygone untereinander, wird der entsprechende Aufwand durch den Summanden r angezeigt, da in diesem Falle $r = O(m^2)$ gilt. Abbildung 2.20 zeigt eine solche Szene.

2.9 Schnitt von Rechteckmengen

In Abschnitt 2.8 wurde die Bestimmung sich schneidender Paare in einer Menge von Polygonen angesprochen. Ein sehr häufig vorkommendes Teilproblem hiervon entsteht durch Reduktion der Polygone auf isoorientierte Rechtecke (*all intersecting isorectangle reporting*, 2D). Anwendungen finden sich beispielsweise bei der Schnittprüfung mit Bounding-Boxes und im Chip-Layout-Design.

Gegeben:

Eine Menge $M = \{r_1, r_2, .., r_n\}$ isoorientierter Rechtecke im $I\!R^2$.

Gesucht:

Die Menge $S := \{(r_i, r_j) \,|\, r_i, r_j \in M, r_i$ und r_j schneiden oder überlappen sich$\}$.

Da am Anfang des Kapitels bereits eine gute Lösung zur Bestimmung sich schneidender Paare isoorientierter Strecken mittels eines Sweep-Verfahrens beschrieben wurde, liegt es nahe, auch dieses Problem auf eine ähnliche Weise zu lösen. Hierbei werden die X- und Y-Ordnungen folgendermaßen initialisiert:

- **X-Ordnung:**
  Enthält die $2n$ x-Koordinaten der Rechtecke.
- **Y-Ordnung:**
  Enthält n y-Intervalle von Rechtecken.

Wird die Sweep-Line in steigender X-Ordnung über die Szene geschwenkt, so reduziert sich das Problem der sich schneidenden Rechtecke auf die Anfrage nach der Überlappung von Intervallen entlang der Sweep-Line. Für diese Intervallanfrage ist eine besondere Datenstruktur erforderlich, denn es werden folgende Operationen benötigt:

(1) Einfügen eines Intervalls in die Y-Ordnung.
Dies hat zu geschehen, wenn die Sweep-Line an der linken Kante des Rechtecks steht.

(2) Löschen eines Intervalls aus der Y-Ordnung.
D.h. die Sweep-Line steht an der rechten Kante des Rechtecks.

(3) Bestimmung der Überlappungen.
Es muß für alle in der Y-Ordnung gespeicherten Rechtecke bzw. Intervalle überprüft werden, ob sie sich mit dem neu eingefügten Intervall überlappen. Die entsprechenden Paare müssen ausgegeben werden.

Insbesondere die Operation (3) erfordert komplexe Datenstrukturen, wenn sie effizient, d.h. mit $T_{max}(n) = O(k + \log n)$ ausgeführt werden soll. Hierbei ist k die Zahl der zu berichtenden Schnittpaare.

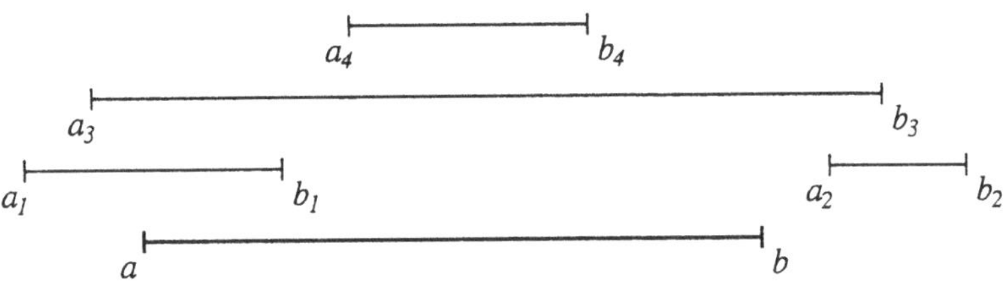

Abbildung 2.21: Schnitt von Intervallen.

Zunächst beobachtet man, daß (siehe Abbildung 2.21) gilt:

$$[a,b] \cap \{[a_i,b_i]|i = 1..k\} = \{[a_i,b_i]|a \in [a_i,b_i]\} \cup \{[a_i,b_i]|a_i \in [a,b]\},$$

denn entweder liegt a in einem überlappenden Intervall oder a_i liegt in $[a,b]$.

Die Anfrage $\{i|a \in [a_i,b_i]\}$ wird Aufspießanfrage (*stabbing problem*) genannt, denn es sollen all diejenigen Intervalle ermittelt werden, die den Wert a enthalten. Zur effizienten Behandlung solcher Anfragen werden Intervallbäume in Abschnitt 2.9.2 vorgestellt.

Die andere Teilanfrage $\{i|a_i \in [a,b]\}$ wird reverse Aufspießanfrage oder auch Bereichsanfrage (*range query*) genannt. Hierzu speichert man alle Randpunkte a_i mit einem Verweis auf das zugehörige Intervall in einem Bereichssuchbaum, was in Abschnitt 2.9.1 näher erläutert wird.

2.9.1 Bereichssuchbäume

Die Beantwortung der reversen Aufspießanfrage kann mit Hilfe eines Bereichssuchbaumes effizient erfolgen.

Gegeben:

Intervalle $[a,b]$ und eine feste Menge $M = \{[a_1,b_1],[a_2,b_2],...,[a_n,b_n]\}$ von n Intervallen bzw. eine beliebige Teilmenge M' von M.

Gesucht:

Die effiziente Beantwortung von reversen Aufspießanfragen, d.h. welche Intervallgrenzen a_i enthält das Intervall $[a,b]$.

Vorgehen:

1. Konstruiere einen balancierten Blattsuchbaum (z.B. AVL-Baum) und füge die aktuellen a_i in aufsteigender Reihenfolge in die Blätter ein. Benachbarte Blätter werden, im Gegensatz zum AVL-Baum, zusätzlich doppelt verkettet.

2. Einfügen und Löschen von Elementen geschieht nur in den Blättern. Die Balance-Bedingung und Verkettung muß danach erneut hergestellt werden.

3. Beantwortung einer reversen Aufspießanfrage:
Man berichtet alle a_i bzw. die zugehörigen Intervalle, die der Bereich $[a, b]$ enthält, indem man durch zwei nacheinander durchgeführte Suchoperationen im Baum zunächst das Blatt mit $a \leq a_i$ und das Blatt mit $a_i \leq b$ bestimmt. Anschließend gibt man alle Elemente aus, die zwischen diesen beiden Blättern liegen, indem man der Verkettung folgt.

Intervall Einfügen:	$O(\log n)$
Intervall Löschen:	$O(\log n)$
Reverse Aufspießanfrage:	$O(k + \log n)$

Man kann die reverse Aufspießanfrage über Bereichssuchbäume in $T_{max}(n) = O(k + \log n)$ und mit Speicherbedarf $S_{max}(n) = O(n)$ beantworten. Hierbei ist k die Anzahl der Elemente im Bereich von $[a, b]$.

2.9.2 Intervallbäume

Wesentlich schwieriger als die Beantwortung der reversen Aufspießanfrage ist die Beantwortung der Aufspießanfrage. Hierfür wurden Intervallbäume entwickelt. Sie eignen sich zur Speicherung einer dynamisch veränderlichen Menge von höchstens n Intervallen mit Intervallendpunkten in $\{1, ..., i\}$ mit $i \leq 2n$ (Speicherbedarf $O(n)$).

Gegeben:

Das Intervall $[a, b]$ und eine feste Menge $M = \{[a_1, b_1], [a_2, b_2], ..., [a_n, b_n]\}$ von n Intervallen mit Intervallgrenzen a_i, b_i, die auf eine monoton steigende ganzzahlige Schlüsselmenge $S = \{1, ..., i\}$ abgebildet sind. Ferner sei M' eine beliebige Teilmenge von M.

Gesucht:

Die effiziente Beantwortung von Aufspießanfragen, d.h. welche Intervalle aus M' den gegebenen Punkt a enthalten (von diesem aufgespießt werden).

Vorgehen:

1. Sortiere die Intervallgrenzen und weise jedem Wert eine natürliche Zahl zu. Diese Zuordnung soll die Funktion $S(x)$ übernehmen. Damit ist das Problem auf ganze Zahlen reduziert.

2. Konstruiere einen vollständigen Binärbaum mit den Elementen der Schlüsselmenge als Knoten (Höhe $\log_2 2n$). Dieser Baum wird Skelett genannt. In jedem inneren Knoten K kann eine Intervallmenge I, z.B. in Form einer Liste, gespeichert werden. In den Blättern stehen Intervalle, die nur einen Punkt bzw. Schlüssel enthalten.

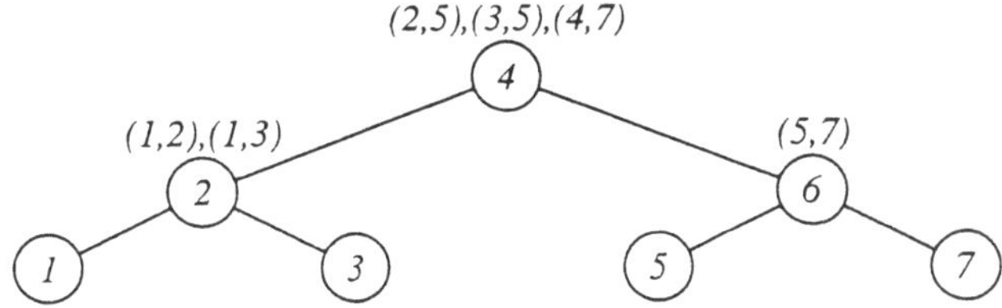

Abbildung 2.22: Intervallbaum mit Intervallen.

3. Die Intervalle werden auf die Knoten des Skeletts so verteilt, daß jeder Knoten alle Intervalle enthält, die seinen Schlüsselwert beinhalten. Ein Intervall (a_i, b_i) mit den Schlüsseln $s_l = S(a_i)$, $s_r = S(b_i)$ wird nach folgendem Algorithmus eingefügt.

Algorithmus: Einfügen in Intervallbaum

procedure Einfügen($[s_l, s_r]$*: Intervall,* K*: Knoten)*
begin
    if $K.schlüssel \in [s_l, s_r]$
      then $K.I := K.I \cup [s_l, s_r]$;
    else
      if $s_l < K.schlüssel$
        then Einfügen($[s_l, s_r], K.LinkerNachfolger$*);*
      else Einfügen($[s_l, s_r], K.RechterNachfolger$*);*
end;

Der Löschvorgang geschieht invers.

4. Beantwortung einer Aufspießanfrage:
   Man berichtet alle Intervalle, die den Punkt x enthalten, also die entsprechenden Intervallisten auf dem Pfad bis zum Schlüsselknoten. (Beachte, daß für $S(x) \neq K.schl\ddot{u}ssel$ nicht alle Intervalle ausgegeben werden müssen, sondern nur die, die x auch enthalten.)

   Algorithmus: Aufspießanfrage

```
procedure Anfrage(K: Knoten, s: Schlüssel)
begin
    if s = K.schlüssel
        then Gebe alle Intervalle der Menge K.I aus;
    else
        if s < K.schlüssel
            then begin
                Gebe alle Intervalle der Menge K.I mit s_l ≤ s aus;
                Anfrage(K.LinkerNachfolger, s);
            end
        else
            begin
                Gebe alle Intervalle der Menge K.I mit s_r ≥ s aus;
                Anfrage(K.RechterNachfolger, s);
            end;
end;
```

Sollen beispielsweise die Intervalle $[1,2], [1,3], [2,5], [3,5], [4,7], [5,7]$ in einem Intervallbaum abgelegt werden, so hat dieser die Schlüsselwerte 1, 2, ..., 7 und das in Abbildung 2.22 dargestellte Aussehen.

Intervall Einfügen:	$O(\log n)$ + Intervall in $K.I$ einfügen
Intervall Löschen:	$O(\log n)$ + Intervall aus $K.I$ löschen
Aufspießanfrage:	$O(\log n)$ + Durchsuchen der Listen der besuchten Knoten $\rightarrow O(\log n + k)$

Die Speicherung der Intervalle in einem Knoten muß effizient gehandhabt werden. Hierbei geht es insbesondere um folgende Operationen auf der Intervallmenge eines Knotens $K.I$:

- Einfügen eines Intervalls: $K.I := K.I + [S(a), S(b)]$

- Löschen eines Intervalls: $K.I := K.I - [S(a), S(b)]$
- Berichten aller Intervalle aus $K.I$
- Berichten aller Intervalle aus $K.I$, die x enthalten

Lösung:

1. Lineares Suchen bzw. Einfügen.
   Der Aufwand von $O(m)$ für Einfügen, Löschen und Reporting ist nicht brauchbar, da die Gesamtkomplexität zu stark wächst.

2. Zwei AVL-Bäume, die jeweils alle Intervalle aus $K.I$ enthalten. Der erste Baum enthält als Knotenwerte die Schlüssel der unteren Grenzen der Intervalle, der zweite die der oberen.

   Wenn für den Aufspieß-Wert x gilt $S(x) < K.schlüssel$, so werden alle Intervalle (a_i, b_i) aus dem ersten Baum ausgegeben, für die $a_i \leq x$ ist.

   Gilt $S(x) > K.schlüssel$, so werden alle Intervalle (a_i, b_i) aus dem zweiten Baum ausgegeben, für die $b_i \geq x$ ist.

Aufwand für die Operationen auf $K.I(|K.I| = m)$:

Einfügen eines Intervalls:	$O(\log m)$
Löschen eines Intervalls:	$O(\log m)$
Berichten aller Intervalle:	$O(m)$
Berichten aller Intervalle, die x enthalten:	$O(r+1)$

Zunächst ist es unverständlich, daß die Zeitschranke zum Berichten aller Intervalle nur $O(r+1)$ sein soll. Man unterstellt hier, daß das minimale und das maximale Element eines AVL-Baums in $O(1)$ erreicht werden kann, was durch Mitführen von Zeigern auf diese Knoten möglich ist. Außerdem wird im AVL-Baum eine Doppelverkettung vorausgesetzt. Dann können vom minimalen bzw. maximalen Wert ausgehend die gespeicherten Werte geordnet abgelaufen werden. Jeder Einzelschritt kostet in diesem Fall nur $O(1)$, da nicht von der Wurzel aus gegangen werden muß. Somit ist $O(r+1)$ eine gültige Schranke.

Fazit:
Alle Operationen auf $K.I$ haben die Zeitkomplexität $O(\log m)$ bzw. $O(r+1)$, wenn r Intervalle berichtet werden.

Die Aufspießanfrage selbst läuft von der Wurzel des Intervallbaumes bis zu einem Blatt, also werden $O(\log n)$ Knoten besucht, der zusätzliche Aufwand durch das Berichten der Intervalle ist pro Knoten $O(m)$ bzw. $O(r + 1)$. Die „1" liefert maximal einen Term $O(\log n)$, der restliche Aufwand wird in $k =$ (Anzahl der insgesamt berichteten Intervalle) zusammengefaßt, so daß gilt:

Satz:

Die Aufspießanfrage bei Intervallbäumen erfordert $T_{max}(n) = O(k + \log n)$, wobei k die Zahl der aufgespießten Intervalle ist. Intervallbäume haben einen Speicherbedarf von $S_{max}(n) = O(n)$.

2.9.3 Zusammenfassung

Nun kann das angestrebte Ergebnis formuliert werden:

Satz:

Das modifizierte Plane-Sweep-Verfahren zur Bestimmung aller sich schneidender bzw. überlappender Paare von n gegebenen Rechtecken löst die Aufgabe in $T_{max}(n) = O(k + n \log n)$, wobei k die Anzahl der berichteten Rechteckpaare ist. Diese Zeitschranke ist optimal. Der Speicherbedarf beträgt $S_{max}(n) = O(n)$.

Beweis:

Alle wesentlichen Operationen wie Einfügen, Löschen und Bestimmen von Überlappungen können, bezogen auf das einzelne Rechteck, in $O(\log n)$ bzw. $O(r + \log n)$ ausgeführt werden, so daß sich (inkl. Sortieraufwand) die Zeitschranke von $T_{max}(n) = O(k + n \log n)$ ergibt.

Optimal ist das Verfahren, weil man es analog zu Abschnitt 2.1.1 auf die Feststellung der Elementeindeutigkeit zurückführen kann. □

Vorverarbeitung	
Elemente einlesen:	$O(n)$
Y-Ordnung initialisieren:	$O(1)$
X-Ordnung aufbauen und sortieren:	$O(n \log n)$

Arbeitsschleife	
x-Wert auslesen:	$O(n)$
je n Intervalle in Y-Ordnung einordnen und herausnehmen (Intervall einfügen bzw. löschen):	$O(n \log n)$
$2n$ Anfragen an Y-Ordnung und Ausgabe aller k Schnittpaare: (Beantwortung der Aufspießanfrage bzw. der reversen Aufspießanfrage)	$O(k + n \log n)$
Insgesamt:	$O(k + n \log n)$

2.10 Schnitt von Halbebenen

Halbebenen wurden bereits in Kapitel 1 definiert als Punktmenge der Form $E_i = \{(x, y) | a_i x + b_i y + c_i \leq 0\}$. Die Schnittmengenbestimmung von Halbebenen ist ein wichtiges Problem in der linearen Optimierung, wo diese Gebiete Lösungsräume charakterisieren.

Gegeben:

n Halbebenen $E_1, E_2, ..., E_n$ o.b.d.A im $\mathbb{R}^2$.

Gesucht:

Die Schnittmenge $S = E_1 \cap E_2 \cap ... \cap E_n$.

Die Schnittmenge von n Halbebenen ist ein konvexes Polygon, das jedoch nicht allseitig begrenzt sein muß (siehe Abbildung 2.23). Polygone mit ins Unendliche laufenden Kanten nennt man Polygone mit Asymptoten.

Satz:

Der Schnitt von n Halbebenen ist in der Zeit $T_{max}(n) = O(n \log n)$ möglich, und das ist optimal.

Beweis:

Die obere Schranke beweisen wir durch Angabe eines Verfahrens. Die Schnittoperation ist assoziativ, deshalb kann ein Algorithmus des Schemas „Teilen & Herrschen“ angewendet werden. Bei n gegebenen Halbebenen wird berechnet:

$$S_1 = E_1 \cap E_2 \cap ... \cap E_{\lfloor \frac{n}{2} \rfloor} \qquad S_2 = E_{\lfloor \frac{n}{2} \rfloor + 1} \cap ... \cap E_n$$

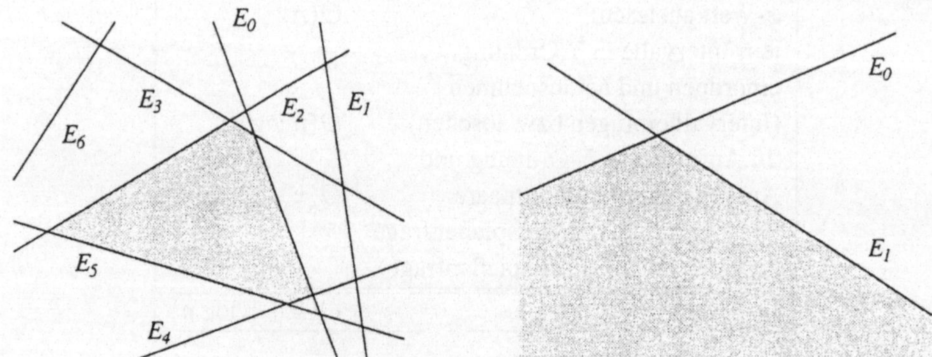

Abbildung 2.23: Schnitt von Halbebenen.

Anschließend müssen die beiden Teillösungen S_1 und S_2 kombiniert werden. S_1 und S_2 sind konvexe Polygone mit höchstens $\lceil \frac{n}{2} \rceil$ Kanten und nach Abschnitt 2.7 ist der Schnitt in $T_{max}(n) = O(n)$ durchführbar. [5] Es gilt somit die Rekurrenzgleichung:

$$T_{max}(n) = 2 \cdot T_{max}(\frac{n}{2}) + O(n) \qquad \Rightarrow \qquad T_{max}(n) = O(n \log n)$$

Zur Abschätzung der unteren Schranke wird das Sortierproblem auf den Halbebenenschnitt zurückgeführt. Gegeben seien n zu sortierende Zahlen x_i.

Sortieren mit Halbebenenschnitt

(1) Suche minimale und maximale Zahl (x_{min}, x_{max}).

(2) Lege eine Parabel durch x_{min} und x_{max}:
$f(x) = (x_{min} - x)(x - x_{max})$
(siehe Abbildung 2.24).

(3) $\forall i$ bilde tangentiale Halbebenen E_i durch die Punkte $(x_i, f(x_i))$ mit der Steigung $f'(x_i)$.

(4) Schneide die E_i miteinander.

(5) Die Kanten des Schnittpolygons liefern die Sortierreihenfolge der x_i, da sie den E_i bzw. x_i eindeutig zugeordnet werden können.

[5] Auch für Polygone mit Asymptoten läßt sich leicht beweisen, daß der Schnitt in linearer Zeit möglich ist.

Würde es einen Algorithmus für den Halbebenenschnitt mit einer Zeitkomplexität von $T_{max}(n) < O(n \log n)$ geben, so wäre auch das allgemeine Sortierproblem mit dieser Zeitkomplexität gelöst (Widerspruch!). □

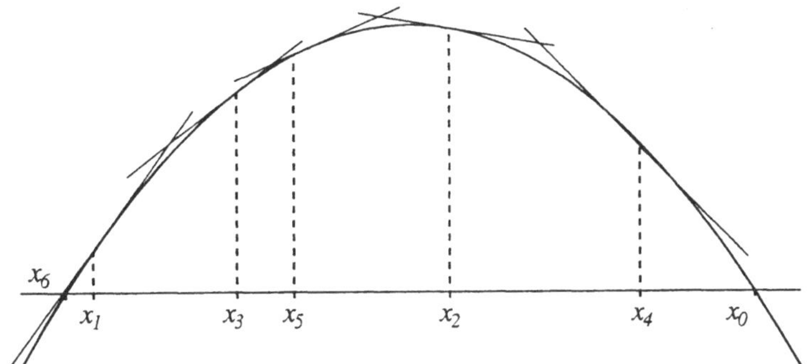

Abbildung 2.24: Sortieren über Schnitt von Halbebenen.

Eine Lösung in der Zeitkomplexität $O(n)$ wird von Meggido in [Meg82] vorgestellt. Hier werden allerdings die Schnittpunkte nicht in sortierter Reihenfolge geliefert, somit auch nicht als Polygon.

3 Punktlokalisation

Nach Schnitt- und Sichtbarkeitsbestimmung wenden wir uns nun einer weiteren Klasse graphisch-geometrischer Probleme zu: der Punktlokalisation. Der Name soll andeuten, daß für unterschiedliche Situationen jeweils die Frage geklärt werden muß, ob ein Objekt oder eine Objektmenge gegebene Punkte enthält oder nicht.

Solche Fragestellungen treten, außer bei Bilderzeugungsalgorithmen, beispielsweise bei graphisch-interaktiven Systemen (Objektselektion) und im Rahmen statistischer Probleme auf. In graphischer Software ist die Punktlokalisation eine häufig benötigte Grundoperation.

Gegeben:

Eine geometrische Objektmenge M und eine Anfragemenge A.

Gesucht:

Die Teilmenge von M, in der die Elemente aus A liegen (mit/ohne Vorverarbeitung).

Es lassen sich eine Vielzahl einzelner Aufgabenstellungen mit ganz unterschiedlichen Lösungsverfahren auf dieses Schema abbilden. Beim gegebenen geometrischen Gebilde kann es sich z.B. um eines der folgenden handeln:

- ein Polygon (allgemein, einfach, sternförmig, konvex usw.),
- ein anderes Primitivobjekt (Kreis, Quadrat...),
- ein Polyeder oder Polytop (höherdimensionale Räume),
- eine Menge der bisherigen Objekte (disjunkt oder überlappend),
- eine Tesselierung aus z.B. Polygonen,
- eine Triangulation.

Die Anfragemenge kann ebenfalls verschiedene Formen haben:

- ein einzelnes Objekt (z.B. Primitivobjekt, Punkt),
- eine Sequenz von Objekten (iterativ abzuarbeiten),
- eine Menge von Objekten (Vorverarbeitung möglich),
- ein regelmäßiges Punktraster.

Schließlich kann für jede aus Objekt- und Anfragemenge kombinierbare Aufgabenstellung eine Vorverarbeitung zugelassen werden oder nicht. Weiterhin besteht die Möglichkeit, wie schon in der Einleitung erwähnt, das Problem zu dynamisieren. Dann müssen Algorithmen und Datenstrukturen das effiziente Einfügen und Löschen von Elementen in M ermöglichen.

In diesem Kapitel werden einige Lösungen zu Lokalisationsproblemen für Punkte (*point location problem*) untersucht. Ausgehend von einzelnen konvexen Polygonen bis hin zu Mengen allgemeiner einfacher Polygone, werden zumeist asymptotisch zeitoptimale Algorithmen vorgestellt.

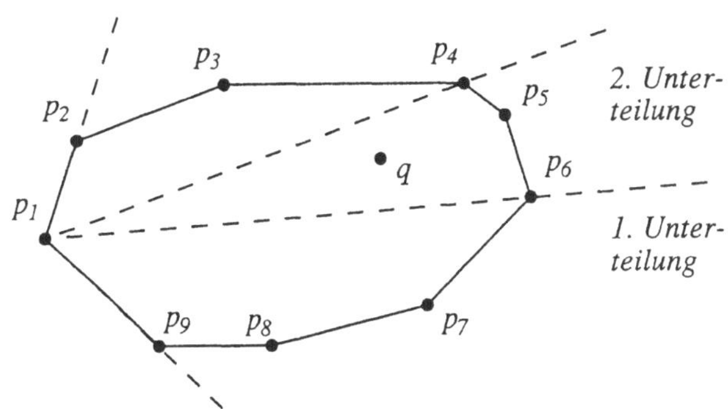

Abbildung 3.1: Punktlokalisation im konvexen Polygon.

3.1 Punktlokalisation in konvexen Polygonen

Da konvexe Polygone (siehe Definition in Abschnitt 1.7.2) als relativ „einfache" Objekte angesehen werden können, wollen wir zunächst die Punktlokalisation für diesen Polygontyp betrachten.

Gegeben:

Ein konvexes Polygon P mit n Eckpunkten $p_1, p_2, ..., p_n \in \mathbb{R}^2$ in Normaldarstellung (siehe Definition in Abschnitt 1.7.3) sowie ein Anfragepunkt q.

Gesucht:

Antwort, ohne Vorverarbeitung, auf die Frage: $q \in P$?

Wir nehmen an, daß die Ecken des konvexen Polygons $p_1, p_2, ..., p_n$ in einem Feld (Array) gespeichert sind. Über ein Unterteilungsverfahren kann nun effizient eine Segmentteilung gefunden werden, für die nur noch getestet werden muß, ob der Punkt links oder rechts der Trennlinie liegt (siehe Abbildung 3.1).

Algorithmus: Punktlokalisation in konvexen Polygonen, [PS90]

(1) *Prüfe, ob Anfragepunkt q im Gebietssektor liegt, der von den Halbstrahlen $p_1 \rightarrow p_2$ und $p_1 \rightarrow p_n$ gebildet wird.*
Wenn nicht, so liegt q nicht im Polygon.

(2) *Halbiere den Gebietssektor durch den Halbstrahl $p_1 \rightarrow p_{\frac{n}{2}+1}$.*
Entscheide, in welchem Sektor ($p_1 \rightarrow p_2, p_{\frac{n}{2}+1}$ oder $p_1 \rightarrow p_{\frac{n}{2}+1}, p_n$) q liegt.
Halbiere gegebenenfalls weiter.
Ergebnis: Sektor $p_1 \rightarrow p_i, p_{i+1}$, in dem q liegt.

(3) *Vergleich der Lage von q bzgl. der Polygonkante $\overline{p_i, p_{i+1}}$ liefert die endgültige Entscheidung.*

Um mit dem Halbierungsverfahren (auch als binäres Suchen bekannt) eine Zeit von $T_{max}(n) = O(\log n)$ zu erreichen, daß die p_i direkt über den Index zugreifbar sein müssen. Eine Zeiger-Liste (*pointer list*) erfüllt diese Anforderungen also nicht. Hier ergibt sich ein zusätzlicher Vorverarbeitungsaufwand von $O(n)$, um die Punkte in ein Feld einzuspeichern.

Eine weitere Voraussetzung ist die schon in der Aufgabenstellung angegebene Sortierung der Eckpunkte (durch Normaldarstellung).

Vorverarbeitung	
Eckpunkte in indizierbares Feld (Array) ablegen:	$O(n)$
Punktanfrage	
Halbierungsverfahren (2):	$O(\log n)$
Punkttests (1),(3):	$O(1)$
Insgesamt (ohne Vorverarbeitung):	$O(\log n)$

3.2 Punktlokalisation in Sternpolygonen

Für die im ersten Kapitel bereits erwähnten Sternpolygone (siehe Definition in Abschnitt 1.7.2) lassen sich Lokalisationsanfragen ebenfalls einfach beantworten, wenn ein Sternpunkt bekannt ist.

Gegeben:

Ein Sternpolygon P mit n Eckpunkten $p_1, p_2, ..., p_n \in \mathbb{R}^2$ in Normaldarstellung sowie ein Anfragepunkt q.

Gesucht:

Antwort, evtl. mit Vorverarbeitung, auf die Frage: $q \in P$?

Ist kein Sternpunkt bekannt, muß in einem Vorverarbeitungsschritt zunächst der Kern K des Sternpolygons bestimmt werden. Das ist möglich, indem man Halbebenen durch alle Polygonkanten legt und diese miteinander schneidet. Die Schnittbestimmung von n Halbebenen mit Ausgabe der sortierten Eckpunktfolge ist in der Zeit $T_{max}(n) = O(n \log n)$ durchführbar, wie in Abschnitt 2.10 gezeigt wurde. Einen günstigeren Vorverarbeitungsaufwand von $T_{max}(n) = O(n)$ erreicht ein Algorithmus von Preperata und Lee (siehe [PS90]), der nacheinander alle Eckpunkte abläuft und eine Folge von konvexen Polygonen erzeugt, bis nur noch das konvexe Kernpolygon K übrig ist.[1] Nun wählt man einen Sternpunkt $s \in K$.

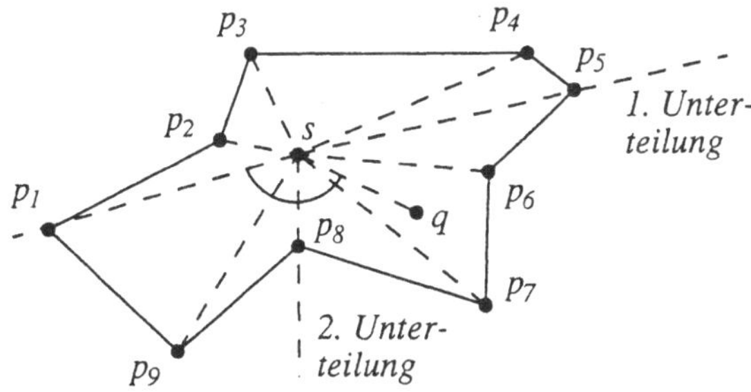

Abbildung 3.2: Punktlokalisation im Sternpolygon.

Zur Lokalisierung werden Halbgeraden vom Sternpunkt s durch die Eckpunkte des Polygons gezogen. Nun bestimmt man die Winkel zwischen $\overline{sp_1}$ und $\overline{sp_i}$ in $T_{max}(n) = O(n)$. Diese wachsen bzgl. $\overline{sp_1}$ (oder einer festen Geraden) monoton.

[1] Dies ist möglich, da die Eckpunkte des Sternpolygons bereits in Normaldarstellung, also sortiert, vorliegen und somit kein zusätzlicher Aufwand für eine Sortierung anfällt.

Ähnlich dem Algorithmus zur Punktlokalisation bei konvexen Polygonen fährt man nun mit binärer Suche fort.

Algorithmus: Punktlokalisation in Sternpolygonen, [PS90]

(1) Bestimme den Winkel zwischen $\overline{sq}$ und $\overline{sp_1}$.

(2) Finde zugehöriges Segment $\overline{sp_i}, \overline{sp_{i+1}}$ mit Halbierungsverfahren.

(3) Prüfe, auf welcher Seite von $\overline{p_ip_{i+1}}$ der Punkt liegt.

Bei bekanntem Sternpunkt und Speicherung der Eckpunkte in einem indizierbaren Feld (Array) kann eine Punktanfrage ohne Vorverarbeitung in $T_{max}(n) = O(\log n)$ realisiert werden. Generell gilt:

Vorverarbeitung	
Eckpunkte in indizierbares Feld (Array) ablegen:	$O(n)$
Kern bestimmen:	$O(n \log n)$ oder $O(n)$
Sternpunkt wählen:	$O(1)$
Winkel bestimmen:	$O(n)$
Punktanfrage	
Winkel für q bestimmen:	$O(1)$
Halbierungsverfahren:	$O(\log n)$
Lage von q testen:	$O(1)$
Insgesamt (ohne Vorverarbeitung):	$O(\log n)$

3.3 Allgemeine Polygone: Ein stabiles Halbstrahlverfahren

Ist über die Polygone nur bekannt, daß sie „einfach" im Sinne von Abschnitt 1.7.2 sind, aber nicht zur Klasse der konvexen oder sternförmigen Polygone gehören, ist eine binäre Suche nicht mehr möglich. Ein einfaches Testverfahren benötigt nun mindestens einen Zeitaufwand der Ordnung $O(n)$.

Gegeben:

Ein einfaches Polygon P mit n Eckpunkten $p_1, p_2, ..., p_n \in \mathbb{R}^2$ in Normaldarstellung sowie ein Anfragepunkt q.

Gesucht:

Antwort, ohne Vorverarbeitung, auf die Frage: $q \in P$?

Satz:

Jede Halbgerade, beginnend mit q, schneidet P genau dann mit ungerader Anzahl Schnittpunkte, wenn q im Inneren von P liegt.

Beweis:

Übung, entweder induktiv oder über Zerlegung. □

Diesen Satz macht sich ein einfacher Algorithmus zunutze, der alle Kanten auf Schnitt mit der bei q beginnenden Halbgerade testet und die Schnittanzahl gemäß obigem Satz überprüft. Solch ein Vorgehen kann aber zu numerischen Ungenauigkeiten führen, wenn ein Eckpunkt getroffen wird oder ein Segment auf der Halbgerade liegt.

Um numerische Probleme beim Schnittpunkttest zu vermeiden und die in Abbildung 3.3(a) gezeigten Sonderfälle korrekt zu verarbeiten, wird die Halbgerade (bzw. der Halbstrahl) so gelegt, daß sie in positive x-Richtung zeigt und damit den Halbraum $x > q.x$ in zwei Gebiete zerlegt: $y < 0$ bzw. $y \geq 0$.

Schnittpunkte werden ausschließlich dann gezählt, wenn die betrachtete Strecke einen echten Schnittpunkt mit dem Halbstrahl hat. Zusätzlich sind nur noch die Gebietswechsel zu beachten. Hierfür werden folgende Prädikate definiert, von denen auch der untenstehende Algorithmus Gebrauch macht:

(1) $\overline{p_i p_{i+1}}$ schneidet den Halbstrahl genau dann, wenn gilt:

$$((p_i.y > q.y) \wedge (p_{i+1}.y < q.y)) \vee ((p_i.y < q.y) \wedge (p_{i+1}.y > q.y))$$

und für den Schnittpunkt $(x_0, q.y)$ gilt: $x_0 > q.x$.

(2) $\overline{p_i p_{i+1}}$ erzeugt einen Gebietswechsel genau dann, wenn gilt:

$$((p_i.y = q.y) \wedge (p_i.x > q.y) \wedge (p_{i+1}.y < q.y)) \vee$$
$$((p_{i+1}.y = q.y) \wedge (p_{i+1}.x > q.x) \wedge (p_i.y < q.y))$$

Gebietswechsel liegen also nur bei solchen Kanten vor, deren einer Endpunkt rechts von $q.x$ auf dem Halbstrahl und deren anderer Endpunkt unter dem Halbstrahl liegt.

Algorithmus: Stabiles Halbstrahlverfahren

begin
  Zähler := 0;
  for alle Kanten $k = \overline{p_i, p_{i+1}}$ *do begin*
    if (k schneidet Halbstrahl) $\vee$ *(k erzeugt Gebietswechsel)*
      then Zähler := Zähler + 1;
  end;
  In := ((Zähler mod 2) = 1);
end;

Zur Verdeutlichung sei auf Abbildung 3.3(b) verwiesen. Dort werden verschiedene Fälle, jeweils mit einem Vermerk, ob das entsprechende Segment mitzuzählen ist, aufgezeigt.

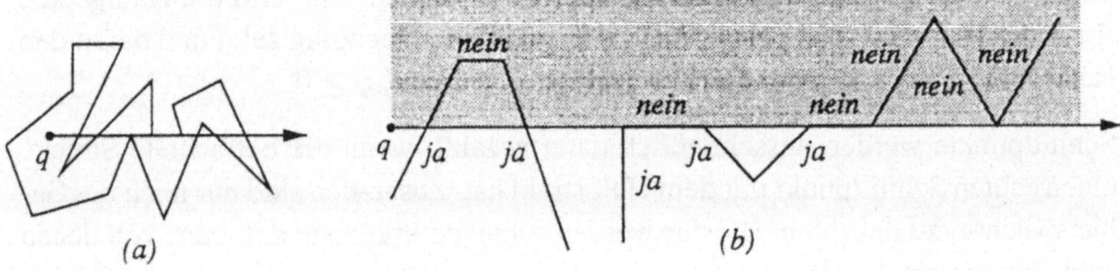

Abbildung 3.3: (a) Problematischer Halbstrahl; (b) Gebietswechsel bei Halbstrahlmethode.

Der Algorithmus hat die Zeitkomplexität $T_{max}(n) = O(n)$ und er ist numerisch stabil, da fehlerhafte Entscheidungen nur dann getroffen werden, wenn q sehr nahe bei einer Kante liegt. Dies ist für die numerische Stabilität unschädlich, da im Grenzbereich stets mit Ungenauigkeiten zu rechnen ist.

Man kann im RAM-Modell und auch bei konkreten Implementierungen davon ausgehen, daß Größenvergleiche wie $<$ und $\leq$ stets korrekt ausgewertet werden, wobei aber im Schnittpunkt x_0 Rundungsfehler enthalten sein können.

Punktanfrage	
n Schnittpunkttests	
bzw. Gebietswechsel:	$O(n)$
Insgesamt (ohne Vorverarbeitung):	$O(n)$

Es gibt Algorithmen, die bei einer Vorverarbeitung des Polygons mit $T_{max}(n) = O(n \log n)$ eine Punktanfrage in $T_{max}(n) = O(\log n)$ abarbeiten. Ein solcher Algorithmus ist in Abschnitt 3.5 beschrieben.

Hier wird allerdings von einer Triangulation der Ebene ausgegangen, d.h. in einem ersten Schritt ist das Polygon in Dreiecke zu zerlegen. Solche Verfahren werden im Abschnitt über Zerlegungsprobleme beschrieben.

Aus dem hohen Vorverarbeitungsaufwand folgt, daß sich diese Vorgehensweise nur dann lohnt, wenn zu einem Polygon viele Punktanfragen gestellt werden. Eine weitere Möglichkeit ist die Anwendung eines Rasterverfahrens, das hocheffizient und algorithmisch wenig komplex ist.

3.4 Punktlokalisation mit monotonen Ketten

Werden nicht mehr einzelne Polygone betrachtet, sondern eine polygonale Zerlegung bzw. Parkettierung der Ebene, ergibt sich eine neue Aufgabenstellung.

Ein wegen seiner Methodik interessantes Verfahren zur Lösung des Punktanfrage-Problems in diesem Fall beruht auf sog. monotonen Ketten.

Definition: Monotone Kette

Eine Kette bzw. ein Polygonzug K ist monoton bzgl. einer Geraden l, wenn alle zu l orthogonalen Geraden K in genau einem Punkt schneiden.

Gegeben:

Eine polygonale Zerlegung Z der Ebene sowie ein Anfragepunkt q.

Gesucht:

Antwort, mit Vorverarbeitung, auf die Frage: $q \in Z$?

Der Algorithmus unterteilt die polygonale Zerlegung in monotone Ketten, bzgl. derer die Punktanfrage effizient geschehen kann.

Ist eine Kette monoton, so lassen sich geometrische Operationen oft in einfacher Weise realisieren. So werden die Eckpunkte der Kette bei ihrer orthogonalen Projektion auf l in ihrer Reihenfolge nicht umgeordnet. Diese Tatsache nutzt man z.B. bei der Beantwortung der Frage, auf welcher Seite von K ein gegebener Punkt p liegt.

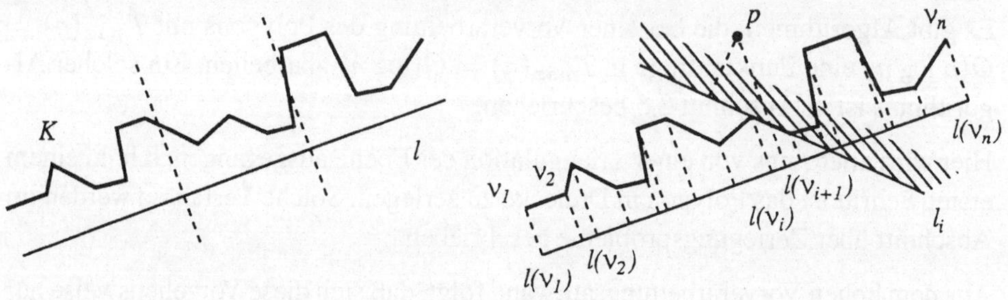

Abbildung 3.4: (a) Monotone Kette; (b) Lagebestimmung eines Punktes.

Hier wird durch Projektion $l(p)$ von p auf l und Test mit den projizierten Eckpunkten von K dasjenige Segment mittels Halbierungsverfahren bestimmt, welches von der Projektionsgerade getroffen wird. Dies ist bei n Eckpunkten der Kette in $T_{max}(n) = O(\log n)$ möglich. Die Lage von p wird nun durch seine Lage bzgl. der durch dieses Segment definierten Gerade $l_i = \overline{v_i v_{i+1}}$ (siehe Abbildung 3.4) bestimmt.

3.4.1 Algorithmus für reguläre Graphen

Eine polygonale Zerlegung kann als Graph angesehen und repräsentiert werden. Für uns ist folgende Aussage von Nutzen: Jeder Graph kann in monotone Ketten zerlegt werden, die sich nicht überschneiden.

Der Algorithmus hat eine besonders einfache Form, wenn der zu zerlegende Graph regulär ist, wovon wir nachfolgend ausgehen wollen.

Definition: Regulärer Graph

Sei G ein Graph mit über Index sortierten Knoten $v_1, v_2, .., v_n$ nach:

$$i < j \rightarrow (v_i.y < v_j.y) \lor (v_i.y = v_j.y \land v_i.x < v_j.x)$$

Ein Knoten v_j ist regulär, wenn gilt:

$$j = 1 \lor j = n \lor \exists i, k \in \mathbb{N} : 1 \leq i < j < k \leq n \land v_i v_j,\ v_j v_k \textit{ Kanten von } G$$

Der Graph G selbst ist regulär, wenn alle Knoten regulär sind.

3.4.2 Zerlegung regulärer Graphen

Algorithmisch wird die Zerlegung eines regulären Graphen in monotone Ketten nun durch mehrere Schritte realisiert. Sei $pred(v_j)$ die Menge der Kanten zu Nachbarknoten v_i mit $i < j$ und $succ(v_j)$ die Kantenmenge zu Knoten v_k mit $k > j$.

Der Zerlegungsalgorithmus ordnet den Kanten Gewichte zu, so daß in jedem Knoten v_j mit $1 < j < n$ die Summe $W_{pred}(v_j)$ der Gewichte der Kanten in $pred(v_j)$ gleich der Summe $W_{succ}(v_j)$ der Kantengewichte in $succ(v_j)$ ist.

In einem ersten Schritt erhalten alle Kanten das Gewicht 1 (siehe Abbildung 3.5(a)). Im zweiten Schritt wird für alle Knoten v_j mit $1 < j < n$ die Bedingung $W_{pred}(v_j) \leq W_{succ}(v_j)$ hergestellt (siehe Abbildung 3.5(b)), und der dritte Schritt erzeugt $W_{succ}(v_j) \leq W_{pred}(v_j)$ (siehe Abbildung 3.5(c)). Für alle Punkte gilt nun $W_{succ}(v_j) = W_{pred}(v_j)$.

Den einzelnen Kanten wird jetzt, entsprechend dem eben ermittelten Gewicht, eine Anzahl Liniensegmente zugeordnet. Diese werden im letzten Schritt (der auch in den dritten integriert sein kann) an den jeweiligen Knoten (überkreuzungsfrei) so verbunden, daß monotone Ketten entstehen.

Algorithmus: Monotone Zerlegung eines regulären Graphen, [PS90]

begin
    Ordne allen Kanten das Gewicht $W(e) := 1$ *zu;*
    for j *:= 2 to n-1 do begin*
      e := Kante von v_j *zu linkesten Knoten* v_k *mit* $v_k.y \geq v_j.y$;
      if $(W_{pred}(v_j) > W_{succ}(v_j))$
        then begin
          $W(e) := W_{pred}(v_j) - W_{succ}(v_j) + W(e)$;
          Ordne e $W(e)$ *Liniensegmente zu;*
        end;
    end;
    for $j := n - 1$ *downto 2 do begin*
      e := Kante von v_j *zu linkesten Knoten* v_k *mit* $v_k.y < v_j.y$;
      if $(W_{succ}(v_j) > W_{pred}(v_j))$
        then begin
          $W(e) := W_{succ}(v_j) - W_{pred}(v_j) + W(e)$;
          Ordne e $W(e)$ *Liniensegmente zu;*
        end;
    end;

for $j := 2$ *to n-1 do begin*
Verbinde die den Kanten in $pred(v_j)$ *zugeordneten Liniensegmente*
mit denen in $succ(v_j)$ *so, daß die bislang fertiggestellten*
monotonen Ketten überkreuzungsfrei bleiben;
end;
end;

Abbildung 3.5 zeigt einen regulären Graphen sowie seine Zerlegung in monotone Ketten bzgl. der y-Achse.

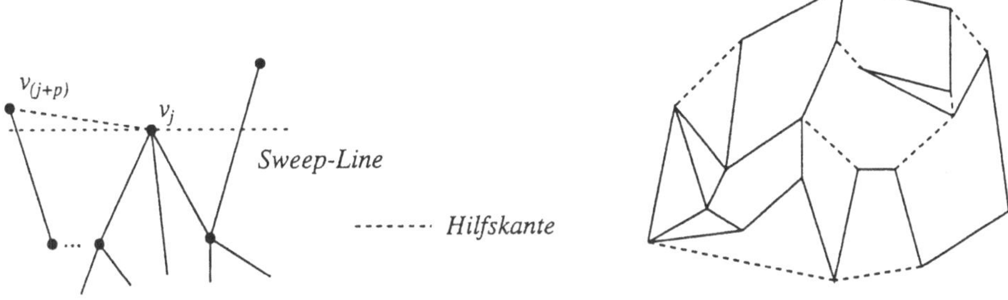

Abbildung 3.6: (a) Regularisierung eines Knotens; (b) regularisierter Graph.

3.4.3 Zerlegung allgemeiner Graphen

Die Verallgemeinerung auf beliebige Graphen geschieht durch die Einführung von Hilfskanten. Diese Kanten werden an allen nichtregulären Knoten angesetzt und verbinden diese mit weiteren Knoten, so daß reguläre Knoten entstehen (siehe Abbildung 3.6(a)).

Ist ein Knoten v_j mit $1 < j < n$ nicht regulär, so gibt es folglich Knoten mit kleinerer bzw. größerer y-Koordinate, zu denen der Knoten keine Verbindung hat.

Ist ein Knoten nicht regulär aufgrund fehlender Kanten zu Punkten größerer y-Koordinate ($succ(v_j) = \emptyset$), so wird von all diesen Punkten einer ausgewählt, dessen Verbindungskante zu v_j schnittfrei zu allen bereits vorhandenen Kanten ist.

Hierzu wird eine horizontale Sweep-Line durch v_j gelegt und mit allen Kanten geschnitten. Da es sich bei v_j um einen nicht regulären Knoten handelt, für den weder $j = 1$, noch $j = n$ gilt, wird mindestens eine Kante geschnitten. Nun wird diejenige der maximal zwei Nachbarkanten ausgewählt und mit v_j verbunden, deren oberer Endpunkt den geringeren y-Wert besitzt.

Im Fall $pred(v_j) = \emptyset$ wird ein analoges Vorgehen angewandt. Ein so entstandener regulärer Graph ist in Abbildung 3.6(b) dargestellt.

Beide Fälle können also mit je einem Hinüberschwenken der oben erwähnten horizontalen Sweep-Line über die Szene (siehe Sweep-Verfahren in Abschnitt 2.1.1 oder in [OW93]) in $T_{max} = O(n \log n)$ abgearbeitet werden.

3.4.4 Punktlokalisation in der regularisierten Zerlegung

Unter der Voraussetzung, daß für eine regularisierte Zerlegung der Ebene die monotonen Ketten bestimmt wurden, erfolgt die Punktlokalisation nun nach folgendem Algorithmus.

Algorithmus: Punktlokalisation mit monotonen Ketten, [PS90]

(1) *Seien $M_1, ..., M_k$ die monotonen Ketten bzgl. der y-Achse, nach steigender x-Koordinate sortiert, also M_1 am weitesten links, M_k am weitesten rechts liegend.*

(2) *Die Entscheidung, ob ein Anfragepunkt q links oder rechts von einer monotonen Kette liegt, kann mit Halbierungsverfahren in $T_{max}(m) = O(\log m)$ gefällt werden, wobei m die Zahl der Eckpunkte in der monotonen Kette ist. Es wird aber wieder eine Speicherung der Eckpunkte in einem indizierbaren Feld vorausgesetzt.*

(3) *Führe Schritt (2) für $M_{\frac{k}{2}}$ aus.*
Falls q links von $M_{\frac{k}{2}}$, betrachte $M_1, ..., M_{\frac{k}{2}}$ als neues Halbierungsintervall.
Sonst (q rechts von $M_{\frac{k}{2}}$) betrachte $M_{\frac{k}{2}}, ..., M_k$ als neues Halbierungsintervall.
Schachtele solange, bis feststeht, daß q zwischen M_i und M_{i+1} liegt.
Nun kann festgestellt werden, in welchem Elementargebiet q liegt.

Da im allgemeinen Fall sowohl $k = O(n)$, als auch $m = O(n)$ angenommen werden muß, erfordert der Algorithmus $T_{max}(n) = O(\log n \cdot \log n) = O(\log^2 n)$, was allerdings nicht optimal ist, wie der nächste Abschnitt klar machen wird.

Vorverarbeitung	
Regularisierung:	$O(n \log n)$
Monotone Zerlegung:	$O(n)$
Punktanfrage	
Halbierungsverfahren für k monotone Ketten	
($O(\log k)$) und jeweils Punktlokalisation bzgl.	
einer Kette mit m Eckpunkten ($O(\log m)$):	$O(\log k \cdot \log m)$
(Hierbei gilt $k = O(n)$ und $m = O(n)$)	
Insgesamt (ohne Vorverarbeitung):	$O(\log^2 n)$

3.5 Punktlokalisation nach Kirkpatrick

Im vorletzten Abschnitt dieses Kapitels wird ein Verfahren vorgestellt, das für das allgemeine Punktanfrage-Szenario ein optimales Verhalten liefert. Hierbei wird von vielen einfachen Polygonen ausgegangen, die jedoch nicht notwendigerweise eine Parkettierung der Ebene bilden müssen.

Der Algorithmus mit monotonen Ketten kann auch für diesen Fall erweitert werden, liefert aber, wie bereits erwähnt, kein optimales Zeitverhalten.

Gegeben:

Mehrere (nichtkonvexe) Polygone P_i ($i = 1, ...m$) in der Ebene mit insgesamt n Kanten sowie ein Anfragepunkt q.

Gesucht:

Antwort, mit Vorverarbeitung, auf die Frage, in welchem Polygon P_i der Punkt q liegt.

Über mehrere Jahre (von ca. 1975 bis 1983) war es ein offenes Problem, ob bei erträglichem Aufwand für die Vorverarbeitung und linearem Speicherbedarf von $O(n)$ eine (optimale) Anfragezeit von $T_{max}(n) = O(\log n)$ erreichbar ist (siehe [PS90]). Kirkpatrick ist es schließlich gelungen, eine implementierbare Lösung des Problems anzugeben.

Der Algorithmus von Kirkpatrick setzt voraus, daß die Gebietszerlegung der Ebene in Gestalt einer vollständigen Triangulation vorliegt.

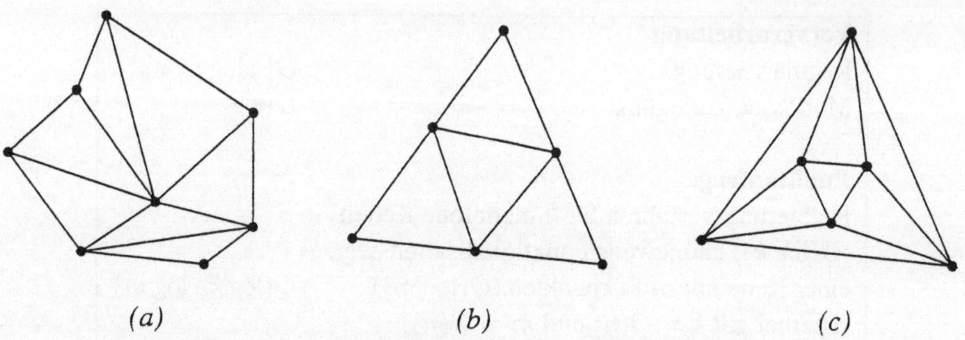

Abbildung 3.7: (a), (b) unvollständige, (c) vollständige Triangulation.

Definition: Vollständige Triangulation

Eine vollständige Triangulation in der Ebene besteht nur noch aus Dreiecken. Man erhält sie, indem man zunächst alle Polygone durchtrianguliert. Anschließend bildet man die konvexe Hülle und trianguliert sie zu den Polygonen durch. Schließlich wird in einem letzten Schritt ein umfassendes Dreieck um die gesamte Szene gelegt und wiederum durchtrianguliert.

In Abbildung 3.7 fehlt bei (a) und (b) das umfassende Dreieck, hingegen entspricht (c) obiger Definition einer vollständigen Triangulation.

Als Datenstruktur zur Verwaltung vollständiger Triangulationen verwendet man eine topologische Listenkodierung. Näheres hierzu wird in Abschnitt 3.5.5 erläutert.

Für die Anwendung innerhalb des Verfahrens ist es außerdem notwendig, in jedem Dreieck einen Verweis auf dasjenige Polygon mitzuführen, zu dem das Dreieck gehört.

Das Ergebnis der einleitenden Überlegungen kann nun wie folgt formuliert werden:

Gegeben:

Eine vollständige Triangulation der Ebene in topologischer Listenkodierung mit n Eckpunkten. Für jedes Dreieck ist festgelegt, zu welchem Polygon es gehört.

Vorverarbeitung:

Es ist in $T_{max}(n) = O(n)$ möglich, durch Vergröberungsschritte der Triangulation einen gerichteten Graphen zu erzeugen, der umgangssprachlich auch als Kirkpatrick-Baum [2] bezeichnet wird, und eine Höhe von $O(\log n)$ hat. Der Speicherbedarf für den Kirkpatrick-Graphen beträgt $S_{max}(n) = O(n)$.

Einzelpunktanfrage:

Die Entscheidung, in welchem P_i ein beliebig vorgegebener Anfragepunkt p liegt, ist mit Hilfe des Kirkpatrick-Graphen in $O(\log n)$ möglich.

Nachfolgend wird das Verfahren schrittweise präzisiert und der Satz bewiesen.

Wenn als Ausgangsdaten einfache Polygone, aber keine Triangulationen zur Verfügung stehen, so muß erst eine Triangulation mit Angabe des Testgebietes für jedes Dreieck erzeugt werden. Das gelingt (zumindest theoretisch), bei insgesamt n beteiligten Polygonecken, in der Zeit $T_{max}(n) = O(n)$ (siehe [Cha90]), wie wir in Abschnitt 7.1.4 noch sehen werden.

Satz:

Das allgemeine Punktlokalisationsproblem kann mit Kirkpatrick optimal in $T_{max}(n) = \Omega(\log n)$ gelöst werden.

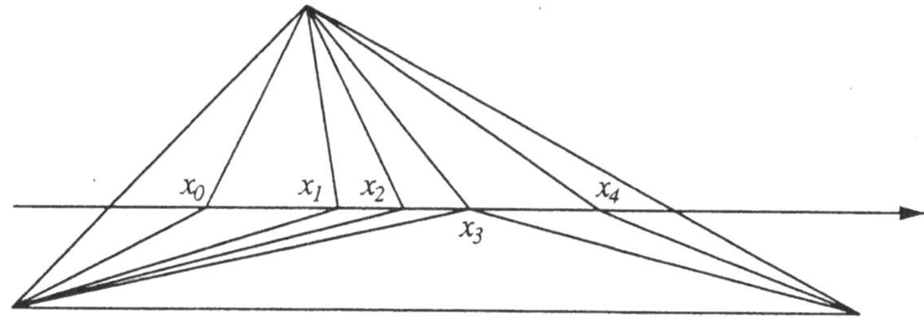

Abbildung 3.8: Optimalitätsbeweis des Kirkpatrick-Verfahrens.

Beweis:

Gegeben seien n Zahlen in sortierter Reihenfolge $x_1, x_2, ..., x_n$. Man konstruiere eine Triangulation (siehe auch Abbildung 3.8). Die Dreiecke, die das Intervall $(x_i, x_{i+1}]$ enthalten, werden entsprechend (als Testgebiete) gekennzeichnet. Der Aufbau der Triangulation in topologischer Listenkodierung ist in $O(n)$ möglich. Mit dem Kirkpatrick-Algorithmus können Punktanfragen für Punkte $(x, 0)$ (d.h. für Punkte auf der x-Achse) in $O(\log n)$ beantwortet werden. Es wird also für jedes x das Intervall $(x_i, x_{i+1}]$ geliefert, in welchem x liegt.

[2] Wir verwenden die Begriffe „Graph“ und „Baum“ im Zusammenhang mit Kirkpatrick synonym, aufgrund der großen Ähnlichkeit zu Suchbäumen.

Für die Lokalisierung von Intervallen ist aber eine untere Schranke $\Omega(\log n)$ bekannt (siehe Abschnitt 1.5). Also ist $\Omega(\log n)$ auch eine untere Schranke für die Punktlokalisation und die Optimalität des Kirkpatrick-Algorithmus ist bewiesen. □

3.5.1 Vergröberung planarer Triangulationen

Im Kirkpatrick-Algorithmus findet eine schrittweise Vergröberung der Ausgangstriangulation (d.h. der feinsten Zerlegung) statt. Diese Vergröberung wird durch einen gerichteten Graphen (sog. Kirkpatrick-Baum) repräsentiert, der dann im Verlauf der Lokalisierung durchlaufen wird.

Gegeben:

Eine triangulierte Partition S der Ebene mit n Eckpunkten und k Dreiecken.

Gesucht:

Vergröberte Triangulation, bei der einige der n Eckpunkte, aber keine zwei benachbarten Eckpunkte entfernt wurden und das äußere Dreieck erhalten bleibt.

Algorithmus: Triangulations-Vergröberung, [PS90]

begin

k_{max} :=Konstante zwischen 6 und 11, fest;
$P := \{\}$ = Menge der entfernten Eckpunkte;
$B := \{e_1, e_2, e_3\}$ = Menge der blockierten Eckpunkte,
mit e_1, e_2, e_3 = Eckpunkte des äußeren Dreiecks;
Suche wiederholt, solange möglich, einen Eckpunkt e mit höchstens k_{max} Nachbarecken, der nicht bereits in P oder B enthalten ist, und lösche ihn:
(1) $P := P + \{e\}$;
(2) $B := B + \{$alle Nachbarpunkte von e$\}$;
(3) Eliminiere alle Dreiecke, die e als Ecke haben;
(4) Trianguliere das so entstandene Gebiet neu, indem nur noch Nachbarpunkte von e verwendet werden;

end;

Man kann zwei Beobachtungen machen. Erstens sinkt mit jedem Vergröberungsschritt die Zahl der verbleibenden Eckpunkte. Zweitens ist die Wahl des jeweils zu entfernenden Punktes freigestellt. Normalerweise scheint es am günstigsten zu sein,

Eckpunkte mit möglichst geringem Grad zuerst zu entfernen, weil dabei auch weniger Nachbarpunkte blockiert werden.

Die Vorgehensweise des Algorithmus wird später in Abschnitt 3.5.7 an einem Beispiel veranschaulicht.

3.5.2 Der Kirkpatrick-Graph

Der Kirkpatrick-Graph ist ein gerichteter Graph, der, wie bereits erwähnt, oft auch als Kirkpatrick-Baum bezeichnet wird, da die Datenstruktur große Ähnlichkeit zu Suchbäumen hat.

Beim Kirkpatrick-Baum repräsentieren die Knoten Dreiecke. Die Dreiecke der Ausgangstriangulation bilden die Blätter, während die inneren Knoten die bei den Vergröberungen entstandenen Dreiecke enthalten. Die Söhne eines Knotens sind genau diejenigen Dreiecke, die sich mit dem Dreieck des betrachteten Knotens (in die vorhergehende feinere Triangulation projiziert) überlappen.

Jedes vorkommende Dreieck wird stets durch drei Punkte der Ausgangstriangulation beschrieben, da es beim Vergröbern keine neuen Eckpunkte geben kann.

Die Wurzel repräsentiert notwendigerweise das Dreieck, das die Ausgangstriangulation nach außen begrenzt.

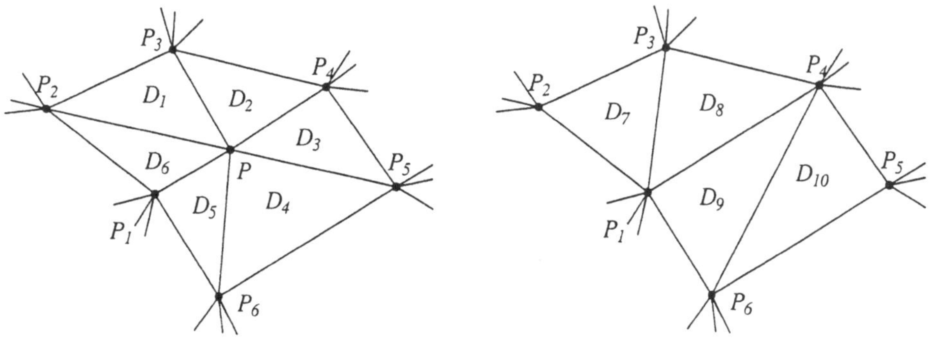

Abbildung 3.9: Entfernen eines Punktes aus der Triangulation.

Die Zusammenhänge erkennt man, wenn man die Nachbarschaft eines zu eliminierenden Punktes betrachtet (siehe Abbildung 3.9). Die Dreiecke $D_1, ..., D_6$ sind vor der Elimination von P Bestandteil des bereits erzeugten Teils des Kirkpatrick-Baumes (evtl. auch Blätter).

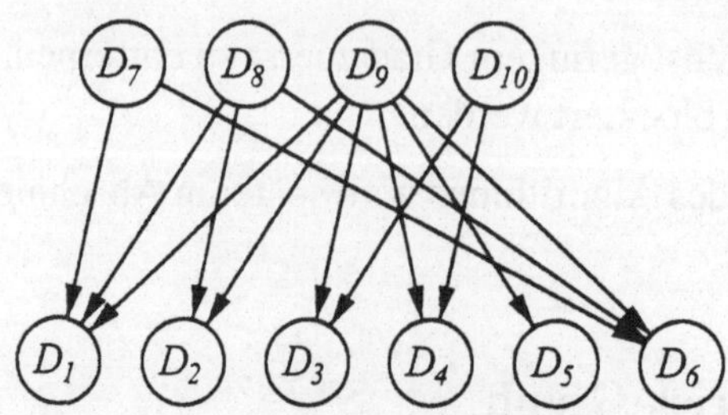

Abbildung 3.10: Beim Eliminationsvorgang entstehender Graph.

Die neuen, durch Triangulation entstandenen Dreiecke $D_7, ..., D_{10}$ stehen im Baum mindestens eine Stufe höher (siehe Abbildung 3.10).

Da bei der Vergröberung stets nur Knoten mit k_{max} Nachbarecken eliminiert werden, ist beim Abstieg im Kirkpatrick-Baum (Punktlokalisation) pro Höhenstufe nur konstanter Zeitaufwand erforderlich. Damit erhält man eine Anfragezeit von $T_{max} = O(\textit{Höhe des Baumes})$. Es ist also noch die Frage nach der Höhe des Kirkpatrick-Baumes zu klären. Dies geschieht im Anschluß an den folgenden Abschnitt, der zuvor noch die Lokalisationsmethode beschreibt.

3.5.3 Punktlokalisation nach Kirkpatrick

Der Testpunkt p wird an der Wurzel des Kirkpatrick-Baumes mit dem dort gespeicherten umfassenden Dreieck der Ausgangstriangulation verglichen. Liegt p außerhalb des Dreiecks, so ist man bereits fertig, denn p liegt somit auch in keinem anderen Dreieck einer anderen Ebene.

Ansonsten überprüft man wiederholt auf den verschiedenen Ebenen, in welchem der dort gespeicherten Dreiecke p liegt, d.h. jeweils in den Söhnen eines Knotens dessen Dreieck p bereits enthielt, bis man bei einem Blatt angekommen ist.

Algorithmus: Punktlokalisation nach Kirkpatrick, [PS90]

begin

Vergleiche Testpunkt p mit dem an der Wurzel des Baumes gespeicherten umfassenden Dreieck der Ausgangstriangulation;

while K hat Söhne do begin

if p liegt im Dreieck des Knotens K

then begin

Prüfe, in welchem der Söhne von K p liegt;

```
            (* Es muß sich genau ein Sohn-Knoten ergeben *)
            K := Sohn von K;
          end;
        else
          begin
            (* p liegt außerhalb des umfassenden Dreiecks *)
            return„p nicht enthalten“;
          end;
      end;
      (* K hat keine Söhne, d.h. ist ein Blatt *)
      return„Gebe das in K gespeicherte Dreieck aus.“;
end;
```

3.5.4 Der Höhenbeweis

Wie vorhin bereits erwähnt, muß für das gewünschte Gesamtzeitverhalten die Höhe des Kirkpatrick-Baumes mit $O(\log n)$ abschätzbar sein. Dies wird in diesem Abschnitt gezeigt. Zuvor wollen wir jedoch einen wichtigen Zusammenhang zwischen Kanten und Eckpunkten beliebiger Gebietszerlegungen beweisen.

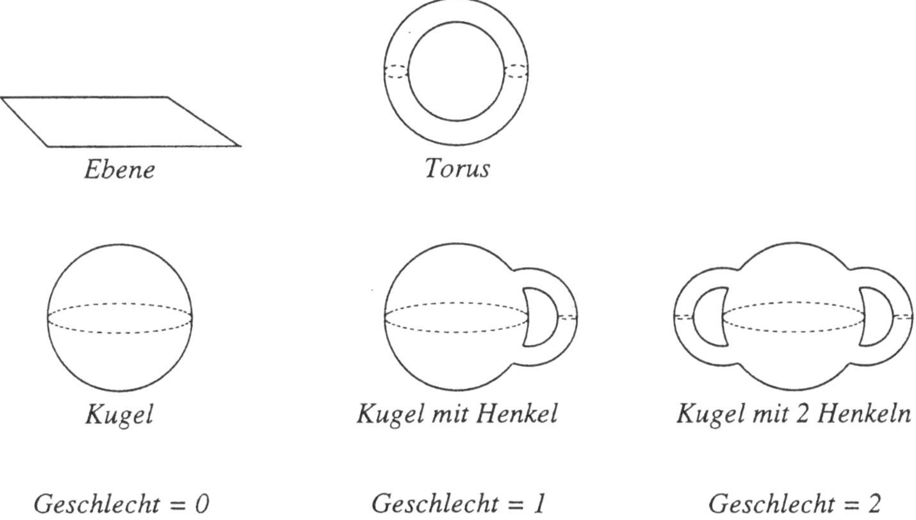

Abbildung 3.11: Geschlecht einer Fläche.

3.5.4.1 Die Eulersche Formel für Gebietszerlegungen

Als Grundlage wird der Begriff des Geschlechts einer Fläche verwendet (siehe Abbildung 3.11). Anschaulich gesehen ist das Geschlecht die Anzahl der Henkel, die eine Fläche besitzt.

Man stelle sich beliebige Graphen in eine Fläche eingebettet vor. Hierbei liegen Knoten und Kanten in der Fläche. Als Gebiete werden von Kanten umrandete Flächenstücke bezeichnet.

Satz: Eulersche Formel

Für zusammenhängende planare Graphen, die in einer Fläche vom Geschlecht γ eingebettet sind, gilt:

$$\begin{aligned} Knoten - Kanten + Gebiete &= 2 - 2\,Geschlecht \\ v - e + r &= 2 - 2\gamma \end{aligned} \tag{3.1}$$

Beweisskizze:

Dazu Induktion über die Anzahl Kanten e.

Basis:

Gegeben sei ein Baum als initialer planarer Graph, der eine Fläche vom Geschlecht $\gamma = 0$ aufspannt. Für ihn gilt:

$$\begin{aligned} &e = v - 1, \qquad r = 1, \qquad \gamma = 0 \\ &\Rightarrow v - e + r = v - (v-1) + 1 = 2 - 2\gamma = 2 \end{aligned}$$

Induktionsschritt:
Eine neue Kante wird eingefügt:

1. Fall:
Ein zusätzlicher Knoten wird eingefügt

$$\begin{aligned} &v \to v + 1, \qquad e \to e + 1, \qquad r \to r, \qquad \gamma = \gamma \\ &\Rightarrow v - e + r = v + 1 - (e + 1) + r = 2 - 2\gamma \end{aligned}$$

2. Fall:
Die Kante wird zwischen zwei existierenden Knoten eingefügt, der Graph ist weiterhin planar.

$$v \to v, \qquad e \to e+1, \qquad r \to r+1, \qquad \gamma = \gamma$$
$$\Rightarrow v - e + r = v - (e+1) + (r+1) = 2 - 2\gamma$$

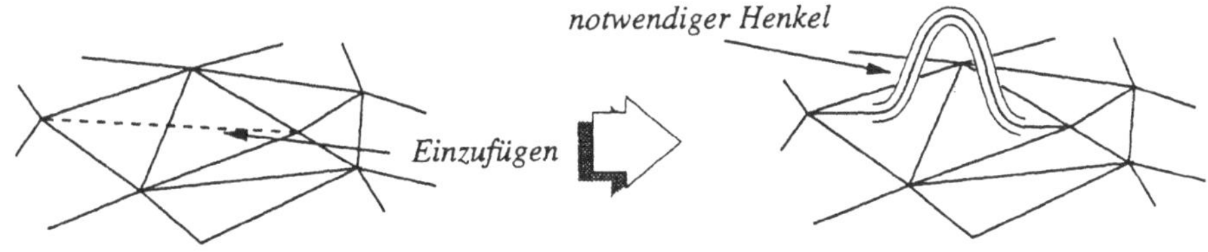

Abbildung 3.12: Dritter Fall in der Induktion.

3. Fall:
Die Kante wird zwischen zwei existierenden Knoten eingefügt, der Graph bleibt nur dann planar, wenn das Geschlecht der Trägerfläche erhöht wird (Kante läuft über einen Henkel).

$$v \to v, \qquad e \to e+1, \qquad r \to r-1, \qquad \gamma = \gamma + 1$$
$$\Rightarrow v - e + r = v - (e+1) + (r-1) = 2 - 2(\gamma + 1)$$

Man beachte, daß sich die Anzahl der Gebiete vermindert !

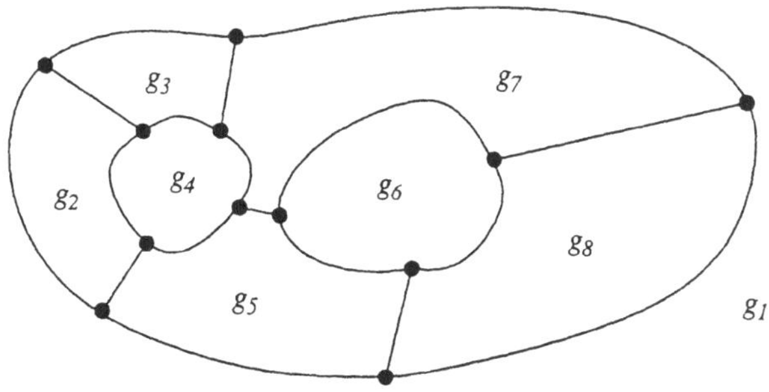

Abbildung 3.13: Beispiel einer Gebietszerlegung.

Abbildung 3.13 dient zur Veranschaulichung. Hier gilt: $v = 12, e = 18, r = 8, \gamma = 0$, d.h. $12 - 18 + 8 = 2$.

Als allgemeine Folgerung für Zerlegungen der Ebene kann festgestellt werden, daß zwischen der Anzahl der Knoten, Kanten und Gebiete stets ein linearer Zusammenhang besteht.

Die Eulersche Formel gilt ansonsten für beliebige Gebietszerlegungen, bei denen die Gebiete durch ununterbrochene Kurven begrenzt und einfach zusammenhängend sind. Sie wird außer im Beweis der Höhe des Kirkpatrick-Baumes an vielen Stellen benötigt, um wichtige kombinatorische Eigenschaften von Zerlegungen zu beweisen.

Im Bereich des *Solid Modeling* spielt diese Formel ebenfalls eine große Rolle, da sie die Oberfläche komplexer Körper charakterisiert (siehe auch [Mä88]).

3.5.4.2 Die Höhe des Kirkpatrick-Baumes

Satz:

Für eine Ausgangstriangulation mit n Eckpunkten hat der Kirkpatrick-Baum eine Höhe von $O(\log n)$ und einen Speicherbedarf von $O(n)$.

Beweis:

Die Höhe des Baumes ist nicht größer als die Zahl der möglichen Vergröberungsschritte, wobei mit der Ausgangstriangulation begonnen wird und das Ende erreicht ist, wenn nur noch das äußere Dreieck übrig ist.

Sei m die Zahl der Knoten einer Triangulation und o.B.d.A. $k_{max} := 11$.

Bei vollständigen Triangulationen gilt in der Bezeichnungsweise der Eulerschen Formel (siehe Abbildung 3.7):

$$\begin{aligned} 2e &= 3r \\ \Rightarrow r &= \frac{2}{3}e \end{aligned}$$

Aus der Eulerschen Formel ergibt sich mit $v = m$:

$$m - e + \frac{2}{3}e = 2, \qquad e = 3(m-2). \tag{3.2}$$

Jede Kante ist mit zwei Knoten verbunden und trägt also zwei zum Gesamtgrad G bei. Mit Gleichung (3.2) erhält man

$$G = 6(m-2),$$

und die Anzahl a der (blockierten) Knoten mit Grad $\geq k_{max} + 1 = 12$ wird bestimmt durch

$$\begin{aligned} 12a &\leq 6(m-2) \\ a &\leq \frac{m}{2} - 1. \end{aligned}$$

Es bleiben also mindestens $\frac{m}{2}+1$ Knoten mit Grad $< k_{max}$ übrig. Da die drei äußeren Eckpunkte nicht gelöscht werden dürfen, sind mindestens $\frac{1}{2}m - 2$ potentielle Löschkandidaten vorhanden.

Bei der Vergröberung der Triangulation wird diese Knotenmenge jeweils um einen Löschknoten und seine höchstens 11 angrenzenden Nachbarn, also insgesamt um höchstens 12 Knoten, verringert. Die Anzahl der zu löschenden Punkte m_l beläuft sich auf

$$m_l \geq \frac{1}{12}(\frac{m}{2} - 2).$$

Das Verhältnis von zu löschenden Punkten zu Gesamtpunkten ist

$$\alpha = \frac{m_l}{m} \geq \frac{1}{24} - \frac{1}{6m}.$$

Für $m > 4$ ist $\alpha > 0$ und für $m > 24$ ist beispielsweise $\alpha > \frac{5}{144}$.

Um eine beliebige Anfangstriangulation mit n Knoten durch Vergröberungsschritte bis auf höchstens 24 Knoten zu verringern, ist die Gleichung

$$n(1-\alpha)^k \leq 24$$

nach k aufzulösen, also

$$\frac{n}{24} \leq \left(\frac{1}{1-\alpha}\right)^k.$$

Man hat also $O(\log n)$ Vergröberungsschritte. Um die verbleibenden 24 Knoten auf 3 zu reduzieren, genügt grundsätzlich konstanter Aufwand. □

3.5.4.3 Aufwandsabschätzung

Somit ist bewiesen, daß beim Kirkpatrick-Verfahren höchstens $O(\log n)$ Vergröberungsschritte anfallen.

Die Auswahl der Knoten, die pro Vergröberungsschritt für den Kirkpatrick-Baum erzeugt werden, ist beschränkt durch (*Zahl der Löschknoten*)$\cdot k_{max}$, die Zahl der Verweise auf Sohnknoten durch (*Zahl der Löschknoten*)$\cdot k_{max}^2$. Also ist der Gesamtspeicherbedarf beschränkt durch (*Zahl der Löschknoten*)$\cdot(k_{max} + k_{max}^2)$, also von der Größenordnung $O(n)$, denn bei den Vergröberungsschritten wird jeder Knoten nur genau einmal gelöscht!

3.5.5 Implementierung

Bei der Implementierung des Kirkpatrick-Verfahrens kann durch Wahl geeigneter Datenstrukturen, nämlich durch topologische Listenkodierung der Triangulationen, erreicht werden, daß der gesamte Zeitaufwand zur Bestimmung des Kirkpatrick-Baumes von der Ordnung $O(n)$ ist.

Wenn man z.B. bei jedem Vergröberungsschritt nur einmal jeden der n Originalknoten berührt, so steigt der Aufwand sofort auf $O(n \log n)$.

Eine topologische Listenkodierung macht Gebrauch von der Zeiger-Technik (*pointer*) zur vielfachen Verkettung der vernetzten Struktur. Ein Knoten der topologischen Listenstruktur repräsentiert ein Dreieck der Triangulation und enthält folgende Komponenten:

- Fädelungsverweis zur linearen Inspektion aller Dreiecke (z.B. um nichtmarkierte Eckpunkte zu finden)
- Knotengrad
- Eckpunktindex P_1, P_2 und P_3 (auf Knotenarray)
- Verweis auf Nachbardreieck $P_1 - P_2$, $P_2 - P_3$ und $P_3 - P_1$
- Verweis auf Kirkpatrick-Baumknoten (der das Dreieck repräsentiert)

Daneben wird ein Knotenarray geführt, in dem für jeden Knoten $x-$ und $y-$Koordinate sowie ein Blockiertindikator gespeichert sind. Wenn ein neuer Vergröberungsschritt gestartet wird, werden alle Blockiertindikatoren auf *false* gesetzt

(Aufwand: $O(k)$ bei k Knoten in der Triangulation). Dazu werden alle vorhandenen Dreiecke durchlaufen und die Eckpunktindizes auf dem Knotenarray benutzt. Durch den alle Knoten linear verkettenden Fädelungsverweis werden nacheinander alle Dreiecke abgesucht, um einen für das Löschen nicht markierten Eckpunkt zu finden.

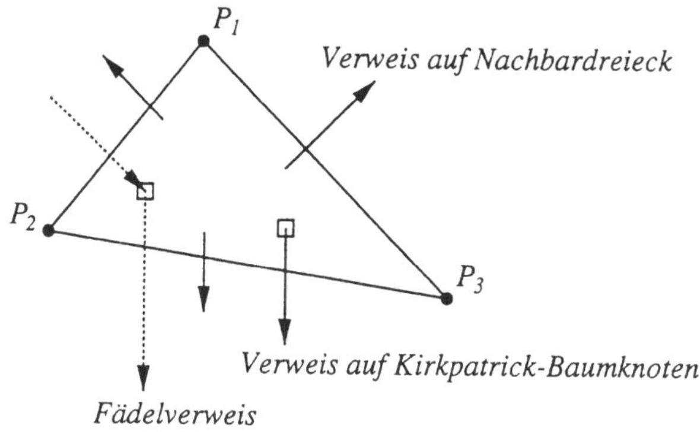

Abbildung 3.14: Knoten der topologischen Listenkodierung.

Wird ein solcher Punkt gefunden, so kann die Triangulation in der Zeit $O(k_{max})$ in diesem Punkt vergröbert werden, weil alle angrenzenden Dreiecke und die Verweise auf den Kirkpatrick-Baum ohne Suchvorgang verfügbar sind. Auch das Blockieren der Randknoten kann am Ort vorgenommen werden.

Ein vollständiger Vergröberungsschritt der gesamten Triangulation (m Dreiecke) ist in $O(m)$ möglich.

Satz:

Ausgehend von einer topologischen Listenkodierung der Ausgangstriangulation können sämtliche Vergröberungsschritte, einschließlich der Generierung des Kirkpatrick-Baumes, in Gesamtzeit der Ordnung $O(n)$ durchgeführt werden.

Beweis:

Für die Summe der in jeder Stufe zu betrachtenden Knoten gilt wegen $0 < \alpha < 1$:

$$\begin{aligned} n + n(1-\alpha) + n(1-\alpha)^2 + \cdots + n(1-\alpha)^k &= n \cdot \frac{(1-\alpha)^{k+1} - 1}{(1-\alpha) - 1} \\ &= n \cdot \frac{1 - (1-\alpha)^{k+1}}{\alpha} \\ &\leq \frac{n}{\alpha} \end{aligned}$$

□

3.5.5.1 Praktische Erfahrungen

Das Zeitverhalten bei der Vorverarbeitung und beim Algorithmus von Kirkpatrick, ausgehend von einer vollständigen Triangulation, läßt sich auch an den empirisch ermittelten Graphiken in Abbildung 3.15(a) und 3.15(b) ablesen.

Hier wurden Ensembles von Triangulationen verarbeitet und Punktanfragen durchgeführt. In Abhängigkeit vom maximalen Knotengrad k_{max} ergeben sich die unterschiedlichen Kurven.

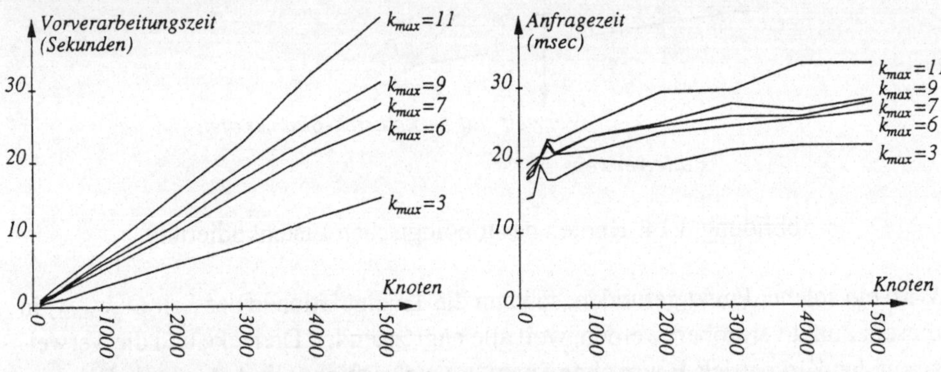

Abbildung 3.15: Vorverarbeitung und Anfragezeit auf Siemens S7760

3.5.6 Zusammenfassung

Faßt man alle Überlegungen zusammen, so ergibt sich neben dem Speicheraufwand $S_{max}(n) = O(n)$ für den Kirkpatrick-Baum in topologischer Listenkodierung, das Zeitverhalten wie folgt:

Vorverarbeitung	
Vollständige Triangulation:	$O(n)$ bzw. $O(n \log n)$
Triangulations-Vergröberung und Kirkpatrick-Baum der Höhe $O(\log n)$ aufstellen:	$O(n)$
Punktanfrage	
Abstieg im Kirkpatrick-Baum:	$O(\log n)$

3.5.7 Ein Beispiel

In Abbildung 3.16 ist die vollständige Vergröberung einer Triangulation mit zugehörigem Kirkpatrick-Baum abgebildet. Der Weg durch den Baum ist für einen zu lokalisierenden Punkt dargestellt.

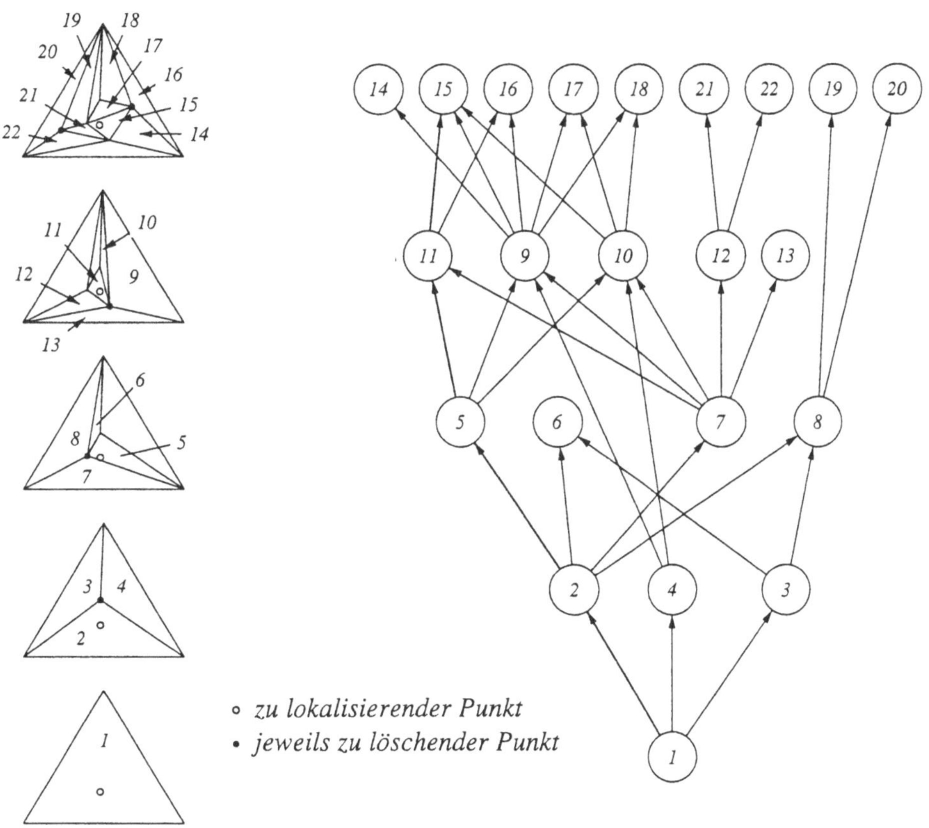

Abbildung 3.16: Zerlegung einer Triangulation mit Kirkpatrick-Baum.

Abbildung 3.17 zeigt eine weitere Vergröberung. Das linke obere Teilbild enthält die Ausgangstriangulation sowie die zu eliminierenden Kanten, die durch ein Kreuz markiert sind.

Die zu löschenden Punkte sind jeweils in der linken oberen Ecke des Bildes angegeben. Die in Abbildung 3.17 rechts unten gezeigte letzte Stufe entspricht der vorletzten, die letzte ist das Dreieck aus den Punkten 1,2,3.

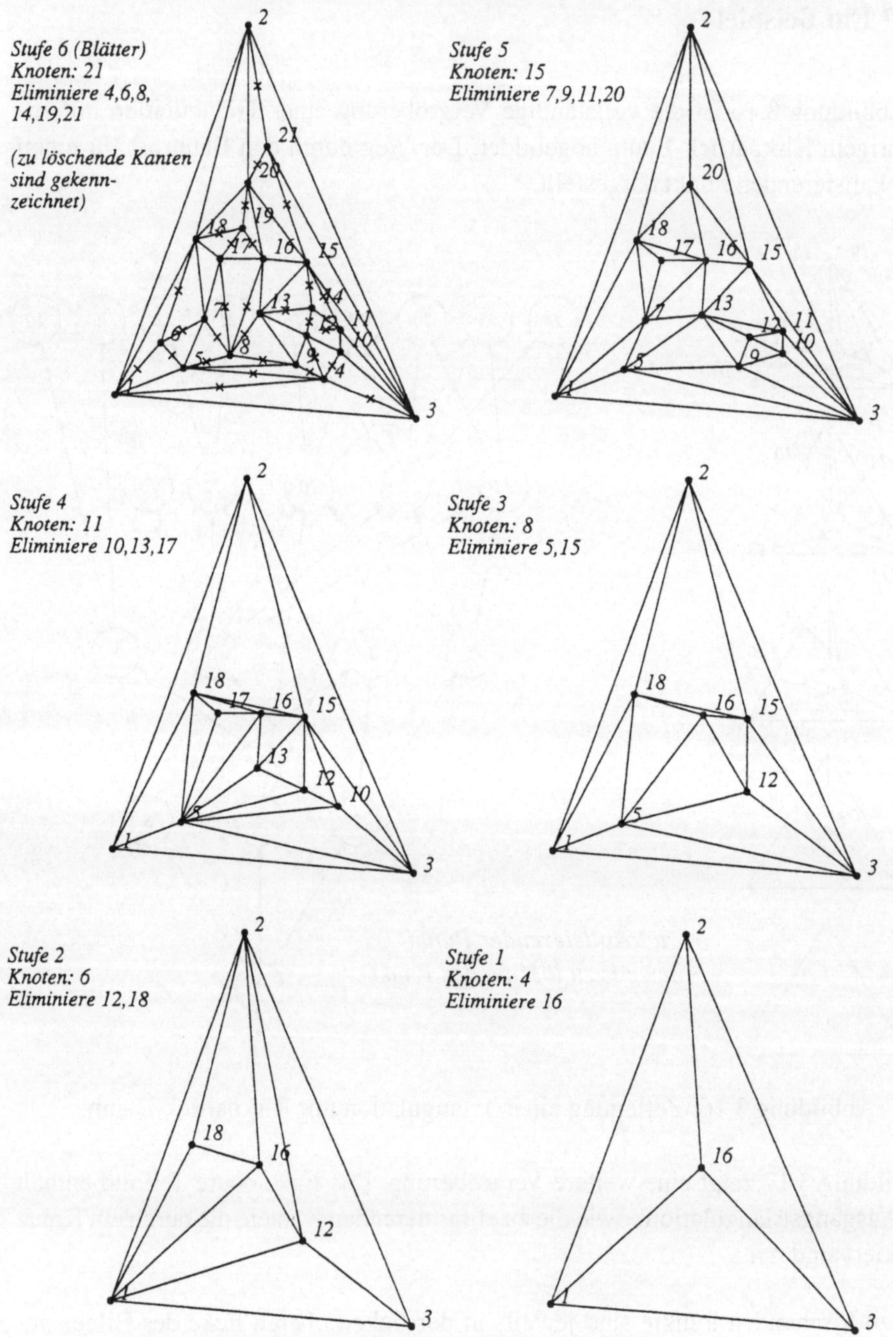

Abbildung 3.17: Zerlegung einer Triangulation.

3.5.8 Anmerkung

Aus dem ausführlichen Beispiel in Abschnitt 3.5.7 kann man ablesen, daß bei jedem Vergröberungsschritt mindestens $\frac{1}{4}$ der aktuellen Knotenanzahl eliminiert worden ist. Das kann man auch beweisen, wenn die Schranke für $k_{max} \leq 11$ nicht beachtet wird.

Satz:

Bei Nichtberücksichtigen der k_{max}-Schranke können bei Vergröberung einer Triangulation mit m Knoten mindestens $\frac{m}{4} - 1$ Knoten eliminiert werden, wobei m die Knotenanzahl der jeweiligen Anfangstriangulation ist.

Beweisskizze:

Es gilt der Vier-Farben-Satz[3] in folgender Form:

Die Knoten einer (vollständigen) Triangulation lassen sich so mit vier Farben (z.B. rot, grün, gelb, blau) einfärben, daß je zwei durch eine Kante verbundene Knoten verschiedene Farben haben. Zur Veranschaulichung stelle man sich die duale Zerlegung vor, die jedem Punkt ein Gebiet in der Form zuordnet, daß eine Tesselierung entsteht.

Vor der Vergröberung einer Triangulation können wir die Knoten mit vier Farben einfärben. Die Farbe mit der größten Anzahl von Knoten hat mindestens $\frac{m}{4}$ Knoten. Die drei Eckpunkte des äußeren Dreiecks haben alle verschiedene Farben, also kann höchstens einer mit der am häufigsten vorkommenden Farbe gefärbt sein. Demnach sind $\frac{m}{4} - 1$ Knoten löschbar, ohne daß zwei benachbarte Knoten gelöscht werden.

3.6 Punktlokalisation mit Zellraster

Auch für die Punktlokalisation bietet sich aus Gründen der leichten Implementierbarkeit und effizienten Behandlung „gängiger Szenen“ die Zellrastermethode an. Neben vollständigen Triangulationen werden wir die Lokalisation in Polygonen betrachten.

[3] Mehr als 70 Jahre war der Vier-Farben-Satz eines der prominentesten ungelösten mathematischen Probleme, d.h. nicht bewiesen. Schließlich gelang es Haken et al. in Illinois [AH77] mit massivem Computereinsatz, einen Beweis zu finden. Seit kurzem existiert allerdings eine Lösung mit wesentlich geringerem Aufwand.

3.6.1 Vollständige Triangulation

Das bereits vorgestellte Kirkpatrick-Verfahren lieferte für die Punktlokalisation in einer vollständigen Triangulation eine Anfrage-Komplexität von $T_{max}(n) = O(\log n)$ und, was unter den hier betrachteten Aspekten wichtig ist, kein besseres Verhalten für rastergünstige Szenen. Die Vorverabeitung kann (akademisch) mit einer Zeitkomplexität von $O(n)$ abgeschätzt werden (siehe Abschnitt 3.5), beläuft sich aber praktisch auf $O(n \log n)$.

Gegeben:

Ein konvexes Gebiet in der Ebene, Inneres durchtrianguliert.

Gesucht:

Für Anfragepunkte p dasjenige Dreieck der Triangulation, in dem der Punkt liegt. In einem Vorverarbeitungsschritt wird wie oben das Zellraster erzeugt. Hierbei ist allerdings anzumerken, daß die Feststellung, ob eine Zelle von einem Dreieck berührt wird oder innerhalb eines solchen liegt, nicht ganz trivial ist.

Vorverarbeitung

(1) *Lege Zellraster der Größe $\sqrt{n} \times \sqrt{n}$ über die Szene.*
(2) *Lege in allen Zellen eine Liste aller sie schneidenden Dreiecke der Triangulation an.*

Die Punktanfrage geschieht über folgenden Weg:

Punktanfrage

(1) *Bestimme Index der Zelle, in der der Punkt liegt.*
(2) *Teste, in welchem der in der Zelle gespeicherten Dreiecke sich p befindet.*

Korollar:

Wenn die Anfragepunkte über das Zellraster gleichverteilt eintreffen, so gilt für die mittlere Anfragezeit $T_{mittel}(n) = O(K)$, wobei K die mittlere Zahl von Dreiecken in einer Zelle ist.

3.6.2 Punktlokalisation in Polygon

Ist statt einer Triangulation nur ein einzelnes Polygon gegeben, können Zellrasterverfahren ebenfalls sinnvoll eingesetzt werden.

Gegeben:

Ein einfaches Polygon mit n Kanten.

Gesucht:

Beantwortung von Punktanfragen, d.h. zu dem Punkt p soll entschieden werden, ob er innerhalb oder außerhalb des Polygons liegt.

In diesem Fall sieht der Vorverarbeitungsschritt aus wie folgt:

Vorverarbeitung

(1) *Lege Zellraster der Größe $\sqrt{n} \times \sqrt{n}$ über das Polygon, wobei n die Zahl der vorhandenen Kanten ist.*
(2) *Prüfe mit gestuftem Halbstrahlverfahren von rechts nach links fortschreitend für jeden Eckpunkt des Rasters, ob der Punkt innerhalb oder außerhalb des Polygons liegt.*
(3) *Lege in allen Zellen eine Liste aller Polygonkanten ab, die die Zelle berühren.*

Der zusätzliche Vorverarbeitungsaufwand ist hier ebenfalls von der Zeitkomplexität $O(n)$, zumindest bei gutartigen Polygonen. Das Ergebnis der Vorverarbeitung ist in Abbildung 3.18 dargestellt. Das Verfahren ist hier allerdings auf die Behandlung einer Anzahl Polygone erweitert worden.

Die Punktanfrage erfolgt nun über folgendes Algorithmenschema:

Punktanfrage

(1) *Ziehe eine Verbindungsstrecke vom Anfragepunkt p zum nächsten Rastereckpunkt.*
(2) *Bestimme die Zahl der Schnittpunkte dieser Strecke mit den Polygonkanten in der Zelle.*
(3) *Bestimme, analog zur Halbstrahlmethode, ob der Punkt innerhalb oder außerhalb des Polygons liegt.*

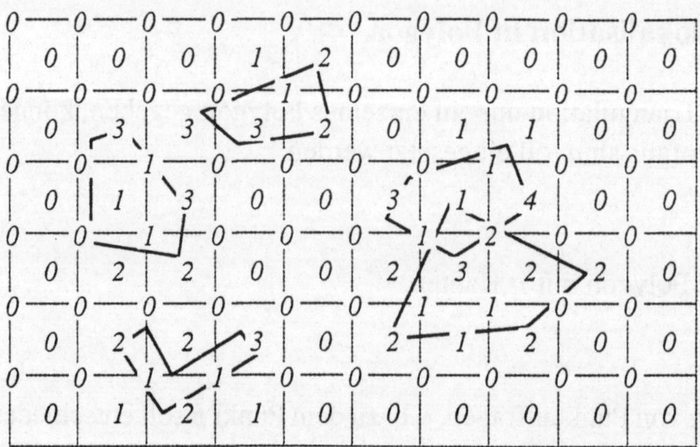

Abbildung 3.18: Punktlokalisation über Zellraster. In der Mitte jeder Zelle ist die Anzahl der Kanten vermerkt, die sie berühren, an den Rasterpunkten die Zahl der Polygone, in denen der Punkt liegt.

Sind mehrere Polygone in der Szenen enthalten, so muß die Halbstrahlmethode für die einzelnen Polygone separat durchgeführt werden.

Korollar:

Wenn die Anfragepunkte über das Zellraster gleichverteilt eintreffen, so gilt für die mittlere Anfragezeit $T_{mittel}(n) = O(K)$, hierbei ist K die mittlere Zahl von Polygonkanten pro Zelle. Für K_0-rastergünstige Szenen gilt $T_{max}(n) = O(1)$.

Für Polygone mit vielen kurzen Kanten erweist sich dieses Verfahren als sehr schnell. Während also das Kirkpatrick-Verfahren aus theoretischer Sicht interessant ist, weil es optimale Anfragezeiten liefert, ist das Rasterverfahren wegen des geringen Implementierungsaufwands und der hohen Schnelligkeit wohl stets die Methode der Wahl, wenn es um Implementierungen geht.

3.7 Strahlanfragen

Im letzten Abschnitt dieses Kapitels beschreiben wir eine weitere Punktanfrage, die eine oft gestellte Aufgabe aus dem Bereich der Bilderzeugung darstellt.

Gegeben:

n geometrische Primitivobjekte (wie etwa Polygone, Kugeln, Zylinder oder Freiformflächen) im $\mathbb{R}^3$ sowie eine Halbgerade S (ein Strahl).

Gesucht:

Der erste Schnittpunkt des Strahls mit einem der gegebenen Objekte.

Anfragen dieser Art werden z.B. beim Raytracing gestellt. Dort müssen u.U. für ein gut aufgelöstes Bild mehrere Millionen Strahlanfragen beantwortet werden. Da hierfür bis zu 90% der Rechenzeit des gesamten Bilderzeugungsvorgangs benötigt werden, sind effiziente Verfahren notwendig.

Es gibt eine Reihe von worst-case Abschätzungen für Strahlanfragen (siehe [M88]). Im ersten Fall wird von n Objekten und einem Strahl ausgegangen.

Optimiert auf	S_{max}	T_{max}	Kommentar
Speicherplatz	$n \log^* n$	$n^{0.695} \log^* n$	Conjugation Tree
Anfragezeit	$n^3 \log^* n$	$\log^3 n$	Dualraum

Hierbei bedeutet:

$$\log^* n = \begin{cases} n & falls \quad n \leq 1 \\ 1 & falls \quad n = 2 \\ 1 + \log^* \log_2 n & falls \quad n > 2 \end{cases}$$

Es ist auch sinnvoll, die umgekehrte Situation anzusehen: Gegeben m Strahlen und ein Objekt:

Optimiert auf	S_{max}	T_{max}	Kommentar
Speicherplatz	$m \log^* m$	$m^{0.695} \log m + I$	Dualraum: Conjugation Tree
Anfragezeit	$m^2 \log^* m$	$\log^4 m + I$	Rechteck-Baum

Werden n Objekte und n Strahlen betrachtet, also die simultane Lösung aller Strahlanfragen, so erreicht man $S_{max}(n) = n \log^* n$ und $T_{max}(n) = n^{0.41} \log^* n$.

Beim Raytracing entsteht ein weiterer Spezialfall, für den es wieder andere Schranken gibt.

Definition: Zentral-Strahlanfrageproblem

Gegeben sind n ebene Polygone im Raum. Alle Anfragestrahlen gehen von einem fest gegebenen Punkt Z aus.

Satz:

Das Zentral-Strahlanfrageproblem kann mit Vorverarbeitungsaufwand $T_{max}(n) = O((n+k)\log n)$ und einer Anfragezeit von $O(\log n)$ gelöst werden.

Beweis:

Durch Angabe eines Algorithmus:

Zentral-Strahlanfrageproblem

(1) Betrachte Z als Mittelpunkt eines achsenparallelen Einheitswürfels.

(2) Bestimme die sichtbaren Teilflächen mit Augenpunkt Z für alle Seitenflächen des Quaders als Bildebenen.
Es gilt $T_{max}(n) = O((n+k)\log n)$.
Hierbei ist k die Anzahl der Schnittpunkte zwischen den auf die Seitenflächen projizierten Polygonen.

(3) Die sichtbaren Teile der Polygone ergeben eine polygonale Zerlegung der Seitenflächen in $O(n+k)$ Gebiete. Für diese Partitionen ist das Punktanfrageproblem in $T_{max}(n) = O(\log(n+k))$, z.B. mit dem Algorithmus von Kirkpatrick, zu lösen .

(4) Nun wird die Strahlanfrage auf eine Punktanfrage reduziert, indem der Strahl mit dem Einheitswürfel geschnitten wird.
Das gelieferte Gebiet identifiziert das Originalpolygon eindeutig.

□

3.7.1 Ein spezielles Strahlanfrageproblem

Nachdem im letzten Abschnitt für die Strahlanfragen die Zeitkomplexitäten unter verschiedenen Annahmen und Hilfsmitteln angegeben wurden, wird in diesem Abschnitt eine speziellere Aufgabenstellung mit der Zellrastertechnik gelöst.

Gegeben:

n Objekte im $I\!R^3$, die in einen Quader einbeschrieben sind.

Gesucht:

Der erste Schnittpunkt beliebiger Anfragestrahlen mit einem der gegebenen Objekte.

Nun werden folgende zusätzliche Annahmen gemacht, die in der Praxis häufig gegeben sind:

- Alle Anfragestrahlen verlaufen durch den Quader.
- Die Objekte sind so beschaffen, daß der größte Teil der Strahlen ohne Schnitt mit Objekten den Quader passiert.
- Die Objekte sind im Quader gleichverteilt.

Diese Aufgabenstellung soll nun unter Zuhilfenahme der Zellrastertechnik gelöst werden. Hierzu wird in jeder Zelle eine Liste der in der Zelle liegenden Objekte angelegt.

Nun werden alle vom Strahl geschnittenen Zellen gesucht, und in jeder Zelle wird geprüft, welche in der Zelle liegenden Objekte den Strahl schneiden. Aufgrund obiger Annahmen trifft der Strahl fast nie.

Wie muß die Rasterteilung m gewählt werden, um eine minimale Strahlanfragzeit zu gewährleisten?

Satz:

Unter obigen Annahmen ist optimale Rasterteilung mit $m \times m$ Zellen gegeben durch:

$$m = \sqrt[3]{\frac{2s}{z}} \cdot \sqrt[3]{n}$$

Der Vorverarbeitungsaufwand beträgt in diesem Fall $T_{max}(n) = O(n)$; die mittlere Strahlanfragezeit ist $O(\sqrt[3]{n})$. Unter der zusätzlichen Annahme gleichverteilter Anfragestrahlen (z.B. beim Raycasting) gilt die Aussage auch für nicht gleichverteilte Objekte.

Beweis:

Ist n die Anzahl der Objekte und m die Rasterteilung, so liegen bei Gleichverteilung $\frac{n}{m^3}$ Objekte in einer Zelle. Für die Anfragezeit ergibt sich:

$$A(m) = d \cdot m(z + \frac{n}{m^3}s),$$

wobei $d \cdot m \leq 3m$ die Anzahl der durchlaufenen Zellen, z der Zeitaufwand zum Durcharbeiten einer Zelle ohne Schnittprüfungen und $\frac{n}{m^3}s$ der mittlere Zeitaufwand für Schnittprüfungen in einer Zelle ist.

$$\frac{d}{dm}A(m) = 0 \qquad \Rightarrow \qquad m_{min} = \sqrt[3]{\frac{2s}{z}n}$$

Einsetzen in $A(m)$ ergibt:

$$A(m_{min}) = d \cdot (\frac{3}{2}z) \cdot \sqrt[3]{\frac{2s}{z}} \cdot \sqrt[3]{n}$$

Folglich gelten die ersten drei Aussagen. Die vierte Aussage ergibt sich aus der Tatsache, daß pro Objekt $O(1)$ Zellen angelegt werden und somit eine Symmetrie zwischen Verteilung der Anfragestrahlen und der der Objekte bzgl. der Zellrasterung entsteht. □

4 Sichtbarkeitsbestimmung

Bei der Bestimmung sichtbarer Kanten oder Teilflächen aus einer Menge geometrischer Objekte ergeben sich Fragestellungen unter dem Sammelbegriff *Sichtbarkeitsprobleme*.

Diese Problemstellungen haben in der Computergraphik seit langem einen hohen Stellenwert, z.B. unter den Schlagworten „*hidden line algorithms*“ und „*visible surface reporting*“.

Viele veröffentlichte Algorithmen für solche Probleme sind nicht in Zielrichtung auf den asymptotischen Zeitbedarf hin optimiert worden und zeigen bei komplexen Szenen oft ein sehr ungünstiges Laufzeitverhalten. Vor allem diesem Aspekt gilt hier unsere Aufmerksamkeit. Beleuchtungsmodelle und Shading-Verfahren werden nicht behandelt, für einen guten Überblick siehe beispielsweise [FvDFH82].

4.1 Problemdefinition

Üblicherweise wird die Frage nach der Sichtbarkeit in einem Szenario gestellt, in dem eine gegebene Objektmenge von einem Augenpunkt aus betrachtet wird, also im Sinne der perspektivischen Projektion.

Gegeben:

Eine Menge M von Objekten im $\mathbb{R}^k$, $|M| = n$, ein Augenpunkt a.

Gesucht:

Die Punkte $p \in P$ der Oberflächen von Objekten aus M, die von a aus sichtbar sind.

Definition: Sichtbarkeit

Ein Punkt p aus der Menge der Objektoberflächen ist von a aus sichtbar, wenn die Strecke $\overline{ap}$ von keinem anderen Objekt geschnitten (d.h. p verdeckt) wird.

Als Spezialfälle kommen in Betracht:

- Bestimme die in einem „Fenster" sichtbaren Teile (Punktmengen) der Objektmenge M.

  Ein Fenster ist in diesem Fall ein rechteckiger Ausschnitt aus einer zwischen a und der Objektmenge liegenden Ebene.

  Diese Ebene dient als Projektionsebene, und alle außerhalb des Fensterausschnitts auf die Ebene projizierten Punkte werden weggeschnitten.

- Bestimme alle von einem einzelnen Objekt in M aus sichtbaren Teile.

- Bestimme sichtbare Teile bei Parallelprojektion.

  In diesem Fall ist der Halbstrahl $h(\lambda) = p + \lambda\vec{v}$, mit $\lambda \geq 0$ und $\vec{v}$ als Projektionsrichtung, auf Verdeckung zu prüfen.

Die Objektmenge M wird je nach Anforderung als Menge von Strecken, von Flächen bzw. Polygonen oder punktweise repräsentiert.

Da bei der Definition von „Sichtbarkeit" nur zu prüfen ist, ob eine Strecke $\overleftrightarrow{ap}$ von Objekten geschnitten wird, ist das Konzept der Sichtbarkeit nicht nur auf die uns wohlvertrauten Räume $\mathbb{R}^1$, $\mathbb{R}^2$ oder $\mathbb{R}^3$ begrenzt, sondern kann auf beliebig dimensionale Räume ausgedehnt werden.

Auch ist die zusätzliche Definition einer Projektionsebene an sich irrelevant, aber in der Computergraphik stets vorhanden. Mit einem Augenpunkt a als Zentrum kann man die Frage stellen, was von a aus sichtbar ist, also quasi die 360°-Rundumsicht zugrundelegen.

Grundsätzlich lassen sich zwei Klassen von Algorithmen mit zugehörigen Datenstrukturen unterscheiden:

4.1.1 Objektraumalgorithmen

Die Berechnungen finden hier in Weltkoordinaten (d.h. im $\mathbb{R}^2$ oder $\mathbb{R}^3$) des jeweiligen Modells statt; die Objekte werden direkt untereinander verglichen, wobei unsichtbare Teile entfernt werden.

Objektraumalgorithmus

```
for jedes Objekt der Szene do begin
    Bestimme die sichtbaren Teile des Objekts, die nicht von ihm
        selbst oder anderen Objekten überdeckt werden;
    Zeichne diese Teile in der entsprechenden Farbe;
end;
```

Bei polygonalen Strecken, und nur mit solchen beschäftigen wir uns hier näher, werden die sichtbaren Teile als Menge von Strecken (*visible line reporting*) oder von Flächen (*visible surface reporting*) repräsentiert. Falls die Kanten in Parameterdarstellung

$$s(\lambda) = p_1 + \lambda(p_2 - p_1), \qquad \lambda \in [0,1]$$

vorliegen (siehe Abschnitt 1.7.1), so können die sichtbaren Teile einer Kante als Menge von λ-Intervallen

$$S = \{[\lambda_{11}, \lambda_{12}], [\lambda_{21}, \lambda_{22}], .., [\lambda_{m1}, \lambda_{m2}]\}$$

angegeben werden.

Polygonteile können über die jeweiligen Eckpunktfolgen aufgeführt werden. Oft ist außerdem ein Verweis auf das Ausgangspolygon gefragt (z.B. für die spätere Schattierung).

Eine grobe Abschätzung des Zeitaufwandes ergibt $T_{max}(n) = O(n^2)$, da n gegebene Objekte der Szene untereinander verglichen werden.

Die Vorteile von Objektraumalgorithmen sind hohe Detailauflösung und Genauigkeit, was heute vor allem bei Plotter-Darstellungen erforderlich ist. Die Nachteile sind oft komplizierte Algorithmen, die sich schwer parallelisieren lassen.

Definition: Exakter Sichtbarkeitsalgorithmus

Die sichtbaren Objekte werden koordinatengenau geliefert, d.h. es werden nur Abweichungen von den genauen Koordinatenwerten toleriert, die durch die Gleitpunkt-Arithmetik (z.B. Rundungen) verursacht werden.

4.1.2 Bildraumalgorithmen

Hier wird das Problem in den Bildraum (d.h in den meisten Fällen in den $\mathbb{R}^2$) transformiert bzw. projiziert. Die Genauigkeit des Algorithmus wird auf die begrenzte Pixelauflösung des Ausgabegeräts (z.B. des Monitors) abgestimmt.

Bildraumalgorithmus
for jedes Pixel des Bildes do begin
Lege einen Projektionsstrahl durch das Pixel
Bestimme das vom Projektionsstrahl getroffene Objekt,
das dem Betrachter am nächsten liegt;
Zeichne das Pixel in der entsprechenden Farbe;
end;

In diesem Fall ergibt sich eine grobe Abschätzung des Zeitaufwandes von $T_{max}(n) = O(n \cdot p)$, wobei p für die Anzahl der Bildpixel steht.

Ein sichtbares Objekt P wird pixelweise repräsentiert, wobei je nach Ausgabegerät und Pixelrepräsentation große Datenmengen anfallen.

Die Vorteile von Bildraumalgorithmen liegen in ihrer Einfachkeit, ihrer leichten Parallelisierbarkeit und der damit verbundenen Möglichkeit, sie effizient in Hardware zu realisieren. Die Nachteile sind durch die Numerik verursachte Aliasing-Effekte und der mit zunehmenden Genauigkeitsanforderungen stark steigende Rechenzeit- und Speicherplatzbedarf.

4.1.3 Generelle Optimierungsmöglichkeiten

Wie an den prototypischen Algorithmen erkennbar, wird eine Menge potentiell kostspieliger Operationen benötigt.

Hierzu gehört z.B. die Prüfung, ob und wo sich der Projektionsstrahl mit einem Objekt bzw. ob und wo sich zwei Objekte schneiden. Auch die Bestimmung des dem Augenpunkt am nächsten gelegenen Objekts gehört dazu.

Aus diesem Grund wurden verschiedene Wege erdacht, um diese Operationen so effizient und so selten wie möglich anzuwenden. Einige haben wir bereits im vorangehenden Kapitel angesprochen, andere sind spezifisch für Sichtbarkeitsalgorithmen:

- Kohärenzeigenschaften:
  Lokale Ähnlichkeiten oder Zusammenhänge (z.B. Tiefe, Farbe, ...) einer Szene oder ihrer Projektion lassen sich für wiederholte Berechnungen in der näheren Umgebung ausnutzen.

- Tests über Hüllobjekte:
  Verdeckung zwischen Objekten kann nur dann auftreten, wenn sich die Hüllobjekte (z.B. Bounding-Boxes, siehe hierzu Kapitel 5) der Objekte oder ihre Projektionen schneiden bzw. überlappen. Es ist also sinnvoll, immer zuerst die Hüllobjekte zu überprüfen, bevor die eigentlichen Objekte geprüft werden.

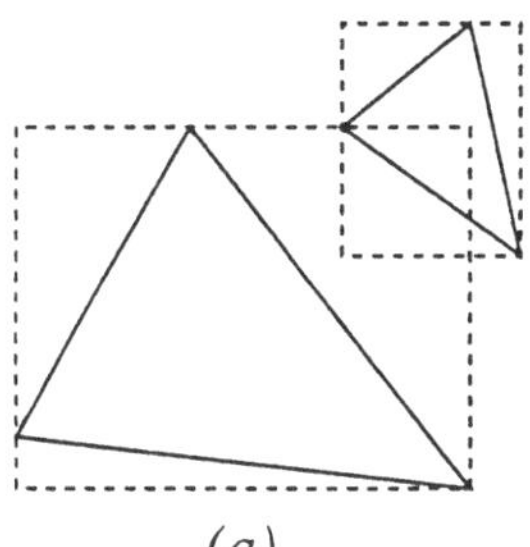
(a)

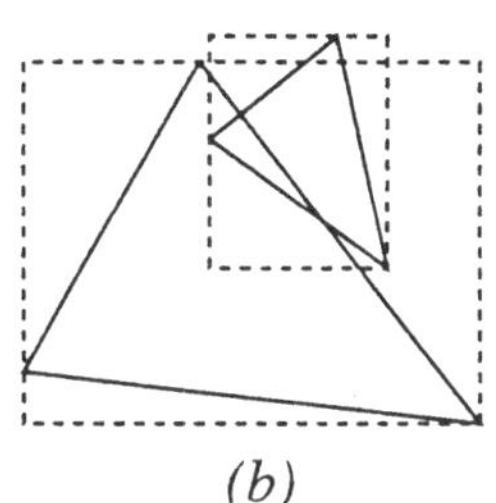
(b)

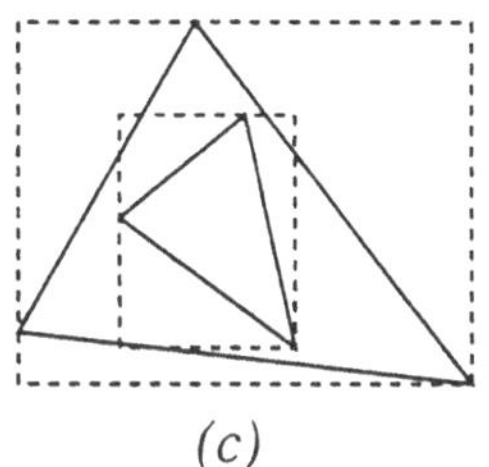
(c)

Abbildung 4.1: Fälle beim Hüllobjekt-Test von Polygonen: (a) Hüllquader schneiden sich; (b) Hüllquader und Objekte schneiden sich; (c) Objektüberdeckung.

- Entfernen der Rückseiten (*back-face removal*):
  Hierfür gehen wir von geschlossenen Polyedern aus, deren Flächennormalen nach außen zeigen. In diesem Fall kann man gleich zu Beginn alle die Flächen von den weiteren Betrachtungen ausschließen, deren Normalen vom Betrachter wegzeigen. Hier ist das Skalarprodukt von Normalenvektor und Augenstrahl kleiner null bzw. ist bei einer Blickrichtung entlang der negativen z-Achse für implizit gegebene Flächen die Ungleichung $C < 0$ erfüllt, wobei C die Richtung des Normalenvektors angibt (Rückseiten erfüllen die Ungleichung $A \cdot x + B \cdot y + C \cdot z + D < 0$ für den Augenpunkt).
  Konnten auf diese Weise zwei adjazente Flächen entfernt werden, so muß auch die gemeinsame Kante nicht mehr betrachtet werden.

  Da durch das Entfernen der Rückseiten meist nur eine Halbierung der Szenen-Komplexität erreicht werden kann, wirkt sich dies auch nur mit einem konstanten Faktor auf das Zeitverhalten der Algorithmen aus und erzeugt daher im T_{max}-Verhalten keine Verbesserung.

- Räumliche Unterteilung:
  Die grundlegende Idee besteht darin, eine große Aufgabe in mehrere kleine zu zerlegen bzw. Objekte oder ihre Projektionen in räumlich zusammen-

gehörige Gruppen zu ordnen. Hierzu gehören Algorithmen mit Teilen & Herrschen, Zellraster und Bereichsunterteilung.

Diese Techniken haben einen tiefgreifenden Einfluß auf das Zeitverhalten der Algorithmen, was noch gezeigt werden wird.

Nach einem einführenden Abschnitt zu zweidimensionalen Aufgaben werden wir uns in der Hauptsache mit Objektraumalgorithmen beschäftigen; Bildraumalgorithmen werden nur am Rande behandelt.

Anzumerken ist noch, daß nicht jeder der aufgeführten Algorithmen für jede Aufgabe gleich gut geeignet ist, sondern daß einige für ganz spezielle Aufgabenklassen entwickelt wurden.

4.2 Zweidimensionale Aufgaben

Wir wollen nur ganz kurz auf Probleme im $I\!R^2$ eingehen und uns im weiteren mit dreidimensionalen Aufgaben beschäftigen.

4.2.1 Das Skyline-Problem

Gegeben:
In x-Richtung monotone Polygone (Definition siehe Abschnitt 7.1.1), deren unterer Kantenzug auf der x-Achse liegt, mit insgesamt n Einzelkanten (siehe Abbildung 4.2(a)).

Gesucht:
Die Skyline bzw. die Teilintervalle von Strecken, die von $y = +\infty$ aus sichtbar sind.

Der Kern des Problems läßt sich auf die Verschneidung zweier monotoner Kantenzüge zurückführen (siehe Abbildung 4.2(b)). Mit einem Sweep-Verfahren kann dies bei einer Gesamtanzahl von k Eckpunkten in $O(k)$ Schritten geschehen.

Hierbei ist zu beachten, daß die Punkte mittels Merge-Sort in $O(k)$ sortiert werden können und in der Y-Ordnung der Sweep-Line zu jedem Zeitpunkt $O(1)$ Strecken enthalten sind.

Der einfachste Algorithmus zur Lösung des Skyline-Problems fügt immer einen monotonen Kantenzug zur Skyline hinzu. Wir gehen davon aus, daß wir wissen,

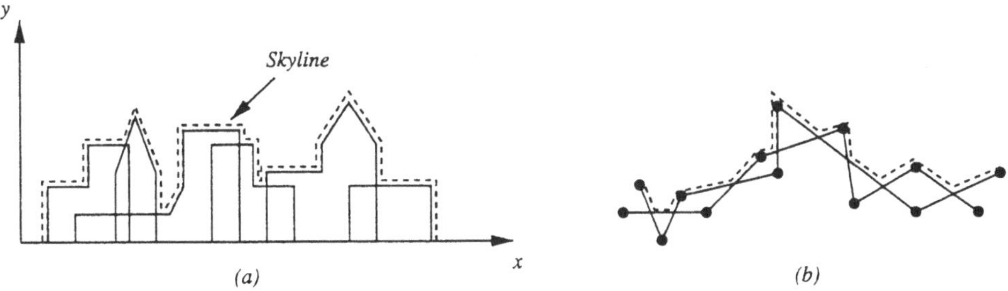

Abbildung 4.2: (a) Skyline-Problem; (b) Vereinigung monotoner Kantenzüge.

wie das Problem für $n-1$ Gebäude zu lösen ist, und fügen das n-te Gebäude ein, d.h. wir schneiden es mit der bestehenden Skyline.

Dieser Ansatz ist allerdings nicht sehr effizient, denn im schlimmsten Fall braucht man zum Einfügen eines Gebäudes $O(n)$ Schritte, und insgesamt ergibt sich $T_{max}(n) = O(n^2)$.

Um eine günstigere Zeitkomplexität zu erreichen, bietet sich hier ein Algorithmus mit Teilen & Herrschen an (siehe [Man89]). Anstatt den einen einfachen induktiven Ansatz zu wählen und jeweils die Lösung für $n-1$ auf n zu erweitern, dehnen wir die Lösung von $\frac{n}{2}$ auf n aus. Auf diese Weise ergibt sich eine Rekurrenzgleichung von $T(n) = 2T(\frac{n}{2}) + O(n)$ und eine Gesamtkomplexität von $T_{max}(n) = O(n \log n)$.

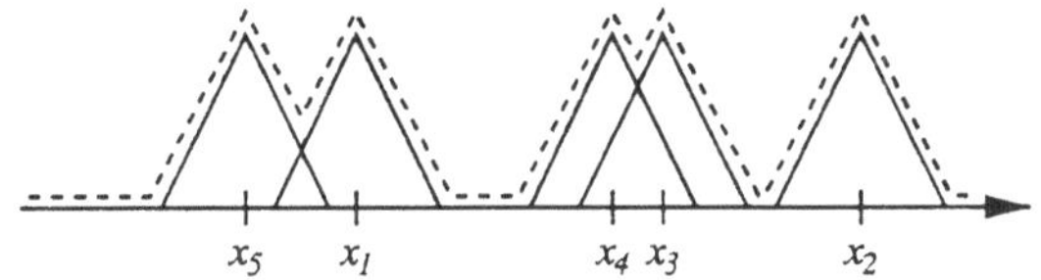

Abbildung 4.3: Sortieren über Skyline-Bestimmung.

Satz:

Das Konturproblem ist in $T_{max}(n) = O(n \log n)$ lösbar, und das ist optimal.

Beweis:

Die obere Schranke wurde durch oben angegebenen Algorithmus bewiesen. Zur Abschätzung der unteren Schranke führen wir das Sortierproblem auf die Konturbestimmung zurück.

Sortieren mit Konturbestimmung

(1) $\forall i$ ordne den x_i Konturen K_i zu.

(2) Verschmelze die K_i.

(3) Die Kanten der Gesamtkontur liefern die Sortierreihenfolge der x_i. (Man erhält eine eindeutige Zuordnung der x_i zu den E_i.)

Schritt (1) und (2) sind in $O(n)$ ausführbar, und so wäre das allgemeine Sortierproblem mit einer Zeitkomplexität $T_{max}(n) < O(n \log n)$ gelöst, was nicht möglich ist (Widerspruch!). □

4.2.2 Sichtbarkeit im Flachland

Als weiteres exemplarisches Beispiel betrachten wir die Sichtbarkeitsbestimmung im Flachland. Wie in Abschnitt 4.1 sind ein Augenpunkt a und n Objekte - hier Strecken s_i - gegeben. Gesucht sind die von a aus sichtbaren Teilstrecken von Strecken aus M.

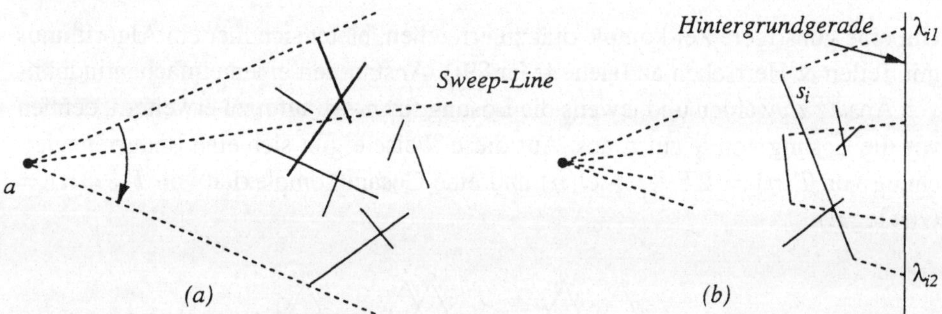

Abbildung 4.4: (a) Sweep-Verfahren in Radarstrahl-Technik; (b) Anwendung des Skyline-Algorithmus. Kanten im Intervall $[\lambda_{i1}, \lambda_{i2}]$ werden nicht mehr berücksichtigt, wenn sie hinter Strecke s_i liegen.

Bei Verwendung eines Sweep-Verfahrens in Radarstrahl-Technik (siehe Abbildung 4.4(a)) ist analog zu Abschnitt 2.2 ein Zeitverhalten von $T_{max}(n) = O((n + k) \log n)$ zu erzielen. Wie bereits beschrieben, ist das Verfahren nicht optimal – es liefert für das zu lösende Problem auch zuviel Information, da gar nicht alle Schnittpunkte aller Strecken benötigt werden.

Möchte man hingegen nur den sichtbaren Kantenzug bestimmen, ist der oben angegebene Skyline-Algorithmus anwendbar (siehe Abbildung 4.4(b)). In diesem Fall erhält man einen Gesamtaufwand von $T_{max}(n) = O(n \log n)$.

Dieser Algorithmus ist deshalb sehr interessant, weil er die sichtbaren Teile berichtet, ohne durch die Zahl der Schnittpunkte „belastet“ zu werden. Wir werden diesen Aspekt an späterer Stelle noch einmal aufgreifen.

4.3 Dreidimensionale Aufgaben

Nach den einführenden Abschnitten wenden wir uns nun dem eigentlichen Problem zu. Die sichtbaren Kanten bzw. Teilflächen einer Menge von Objekten im $\mathbb{R}^3$ sollen bestimmt werden.

Ausgangspunkt für unsere Betrachtungen sind Szenen mit ebenen Polygonen. Weitere mögliche Aufgaben bzw. Eingabedaten sind:

- Polygonszenen:
  Mengen von einfachen Polygonen

- Polyederszenen:
  Allgemeine Polyeder mit/ohne Durchdringung
  Konvexe Polyeder mit/ohne Durchdringung

Zwischen beiden Klassen von Szenen muß allerdings nicht unbedingt unterschieden werden, denn Polyeder können grundsätzlich als Menge von Polygonen aufgefaßt werden.

Im folgenden werden wir uns in der Hauptsache mit der Bestimmung sichtbarer Strecken bzw. Kanten auseinandersetzen. Die vorgestellten Algorithmen lassen sich aber teilweise modifizieren, um auch die Bestimmung sichtbarer Teilpolygone durchzuführen.

4.4 Elementarer Algorithmus, Brute Force Lösung

Dieser Algorithmus stellt explizit für jede einzelne Kante bzw. Strecke in der Szene fest, welche Teilstücke von ihr sichtbar sind.

Gegeben:

Eine Menge von m ebenen, durchdringungsfreien Polygonen $P_1, P_2, \ldots, P_m$ mit insgesamt n Strecken (Kanten) $s_1, s_2, \ldots, s_n$, ein Augenpunkt a.

Gesucht:

Alle sichtbaren Teile der Polygonkanten $s_1, s_2, \ldots, s_n$.

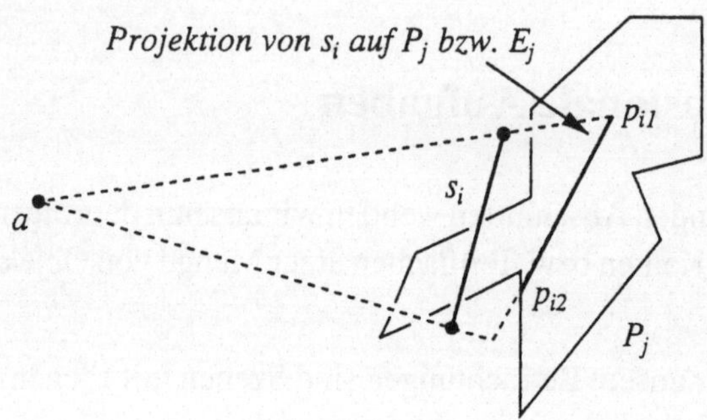

Abbildung 4.5: Sichtbarkeit einer Strecke bzgl. eines Polygons P_j in der Ebene E_j.

Das prinzipielle Vorgehen, um zu überprüfen, ob eine Strecke s_i von einem Polygon P_j (eingebettet in die Ebene E_j) verdeckt wird, sieht folgendermaßen aus:

1. Überprüfe die Lage der Endpunkte von s_i bezüglich E_j.
   Falls beide auf der Seite des Augenpunktes a liegen, liegt keine Verdeckung vor.

2. Falls die Endpunkte auf verschiedenen Seiten von E_j liegen, dann bestimme den Schnittpunkt $p = s_i \cap E_j$ (Beim weiteren Vorgehen beachten!).

3. Projiziere die s_i mit Projektionszentrum a in die Ebene E_j (Parameterdarstellung):

$$\begin{aligned} s_i &= p_{i1} + \lambda(p_{i2} - p_{i1}) \\ \pi(s_i) &= \pi(p_{i1}) + \lambda(\pi(p_{i2}) - \pi(p_{i1})) \end{aligned}$$

   Die λ-Werte, mit $\lambda \in [0, 1]$, definieren Punkte auf s_i.

4. Bestimme (in der Projektion) alle Schnittpunkte von s_i mit Kanten von P_j.
   Nach Sortieren in aufsteigender λ-Richtung erhält man Teilintervalle, für die festgestellt werden kann, ob sie (von a aus) sichtbar sind oder nicht.

Anschließend werden die verdeckten Teilintervalle erfaßt und über alle Polygone der Szene erstreckt. Was jetzt noch sichtbar ist, bleibt dann endgültig sichtbar.

Betrachten wir nun den eigentlichen Algorithmus.

Algorithmus: Sichtbarkeitsbestimmung („brute force"), [Sch81]

begin
  for alle Polygonkanten $S_i := (p_{i1}, p_{i2})$ $(i = 1, 2, \ldots, n)$ *do begin*
    Initialisiere Liste $L = \emptyset$ *für verdeckte Teilintervalle;*
    *(** $S_i(\lambda) = p_{i1} + \lambda(p_{i2} - p_{i1})$ *ist ganz sichtbar *)*
    *(** L *speichert die unsichtbaren* λ*-Intervalle* $(\lambda_{k1}, \lambda_{k2})$ *von* S_i **)*
    for alle Polygone P_j $(j = 1, 2, \ldots, m)$ *do begin*
      Bestimme L' = *Menge der* λ*-Teilintervalle von* S_i,
        die von P_j *verdeckt werden;*
      $L := L \cup L'$; *(* Vereinigung von Intervallmengen *)*
    end;
    Gebe sichtbare Restintervalle von S *aus,*
    d.h. die Intervalle $\{[0, 1]\} - L$;
  end;
end;

Um den Algorithmus effizient zu gestalten, bietet es sich an, so oft wie möglich Bounding-Box Tests zu verwenden.

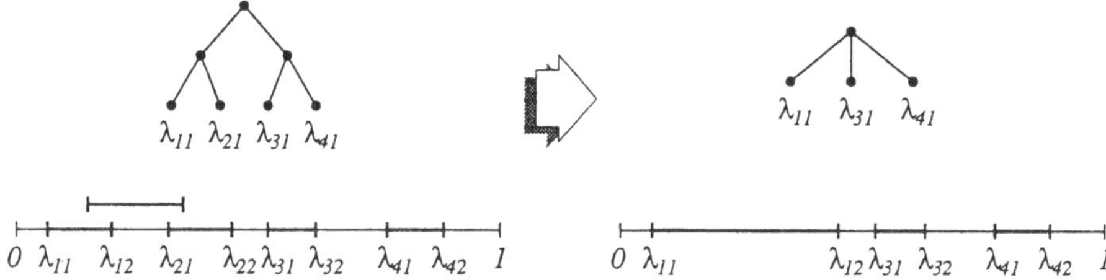

Abbildung 4.6: Intervallvereinigung in AVL-Baum.

Wichtig für diesen Algorithmus ist auch die geeignete Wahl einer Datenstruktur zur Repräsentation der Sichtbarkeitsintervalle. Wenn alle Polygone konvex sind, so enthält L' jeweils höchstens ein Unsichtbarkeitsintervall. Die Intervalle in L haben die Struktur $L = \{(\lambda_{11}, \lambda_{12}), (\lambda_{21}, \lambda_{22}), \ldots, (\lambda_{k1}, \lambda_{k2})\}$, wobei $\lambda_{i2} < \lambda_{(i+1)1}$ (für $1 \leq i \leq k - 1$). Da also eine Ordnungsrelation zwischen den Intervallen vorliegt, bietet sich ein balancierter Binärbaum (AVL-Baum) an, weil hier das Einfügen eines Intervalles in $T_{max}(n) = O(\log n)$ (amortisiert) möglich ist.

Man kann auch auf den AVL-Baum verzichten, indem man alle Unsichtbarkeitsintervalle $(\lambda_{11}, \lambda_{12}), (\lambda_{21}, \lambda_{22}), \ldots, (\lambda_{k1}, \lambda_{k2})$ einer Polygonkante S_i zunächst nur aufgesammelt, dann nach aufsteigendem λ sortiert und sich für jeden λ-Wert merkt, ob es sich um den linken oder rechten Endwert des Intervalls handelt. Nun kann man die Intervalle wie folgt berichten:

Algorithmus: Intervall-Report

```
begin
    for i := 0 to 2s + 1 do s_i := 0; (* Sichtbarkeitsindex *)
    if λ_1 > 0 then Berichte(0);
    for i := 1 to 2s do begin
      if λ_i = linke Intervallgrenze
        then begin
          if s_i = 0 then Berichte(λ_i);
          s_i := s_i + 1;
        end;
      else (* λ_i = rechte Intervallgrenze *)
        then begin
          s_i := s_i − 1;
          if s_i = 0 then Berichte(λ_i);
        end;
    end;
    if λ_2s < 1 then Berichte(1);
end;
```

Die Folge von Intervallgrenzen mit den zugehörigen Werten von s_i sieht beispielsweise so aus:

	0	[	[	]	[	[	]	]	]	[	]	[	[	]	]	1
s_i:	0	1	2	1	2	3	2	1	0	1	0	1	2	1	0	0

Betrachten wir nun die Zeitkomplexität für obigen Algorithmus. Folgende Parameter spielen hierbei eine Rolle.

n = Anzahl Polygonkanten
t = max. Anzahl Unsichtbarkeitsintervalle auf einer Strecke
s = max. Anzahl Schnittpunkte einer Strecke mit einem Polygon
(Falls Polygon konvex: $s = 2$)

Die Zeit, die benötigt wird, um für eine Strecke S_i die Schnittpunkte mit den Polygonen zu bestimmen und zu sortieren, beträgt

$$T_{max}(n) = O(n + n \log s) = O(n \log s)$$

für eine durchdringungsfreie Szene. Das Sortieren, Vereinigen und Invertieren der Sichtbarkeitsintervalle kann in $T_{max}(n) = O(t \log t)$ geschehen. Insgesamt (für n Polygonkanten) ergeben sich folgende Werte:

Vorverarbeitung	
Keine	
Arbeitsschleife	
Schnittpunkte bestimmen & sortieren:	$O(n \cdot (n \log s))$
Unsichtbarkeitsintervalle einfügen:	$O(n \cdot (t \log t))$
Insgesamt:	$O(n \cdot (n \log s + t \log t))$

Satz:

Der elementare Algorithmus benötigt eine Rechenzeit von $T_{max}(n) = O(n \cdot (n \log s + t \log t))$ und einen Speicherbedarf von $S_{max}(n) = O(n)$.

Für konvexe Ploygone gilt wegen $s = 2$ $T_{max}(n) = O(n^2 + nt \log t)$.

Wird t mit $O(n)$ abgeschätzt, so ist $T_{max}(n) = O(n^2 \log n)$.

Da t meist deutlich kleiner ist als n, gilt im günstigsten Fall $T_{max}(n) = O(n^2)$. Eine sorglose Handhabung der Unsichtbarkeitsintervalle, z.B. durch Verwendung von Sortierverfahren, die nicht mit $O(n \log n)$ sortieren, kann zu einem Aufwand von $T_{max}(n) = O(n^3)$ führen.

Abschließend sei bemerkt, daß auch Durchdringungen korrekt behandelt werden können, falls zusätzlich zu den Schnittpunkten der Kanten untereinander noch die Schnittpunkte von Kanten und Polygon-Ebenen eingerechnet werden.

4.5 Lösung mit Teilen & Herrschen

Betrachtet man das Sichtbarkeitsproblem genauer, so stellt man fest, daß es eng mit der Schnittbestimmung verknüpft ist. So bietet es sich an, die in diesem Zusammenhang vorgestellten Lösungsansätze auch auf das Sichtbarkeitsproblem zu übertragen.

Als erstes untersuchen wir einen Ansatz mit Teilen & Herrschen (siehe auch [Sch81]). Wir gehen davon aus, daß die polygonale Szene auf die Bildebene projiziert wird, also keine Rundumsicht mehr vorliegt.[1]

Gegeben:

Eine Menge von m ebenen, durchdringungsfreien Polygonen $P_1, P_2, \ldots, P_m$ mit insgesamt n Strecken (Kanten) $s_1, s_2, \ldots, s_n$, ein Augenpunkt a.

Gesucht:

Alle sichtbaren Teile der Polygonkanten $s_1, s_2, \ldots, s_n$.

Der Algorithmus läuft nach dem üblichen Schema für Teilen & Herrschen ab, wie es bereits in Abschnitt 2.1.2 vorgestellt wurde.

Sichtbarkeitsbestimmung mit Teilen & Herrschen

(1) Zerlege die Szene in Teilszenen (i.a. vier), solange sie komplex ist, sonst löse das Problem direkt (Polygonkanten werden evtl. in kürzere Stücke zerlegt).

(2) Wende einen einfachen Sichtbarkeitsalgorithmus (z.B. aus Abschnitt 4.4) auf die Teilszenen an.

(3) Füge die Teillösungen zu einer Gesamtlösung zusammen.

Die Unterteilung kann auf zwei Arten durchgeführt werden. Bei einer expliziten Unterteilung werden die Polygone *explizit* an den Zellgrenzen abgeschnitten, was u.U. sehr zeitintensiv ist und die Anzahl der Polygone in der Gesamtszene erhöht.

Auf der anderen Seite kann es nun auch Zellen geben, die ganz von einem Polygon (*blocking face*) überdeckt werden. In diesem Fall können alle komplett hinter dem Polygon liegenden Objekte aus der Unterszene entfernt werden, was einen enormen Rechenzeitvorteil bewirken kann.

Bei einer impliziten Unterteilung enthält jede Teilszene alle (ungeteilten) Polygone, deren Schnitt mit den Grenzen nicht leer ist. Hierbei kann die Zelle auch nur mit einem Hüllobjekt jedes Polygons geschnitten werden. Dieses Vorgehen erhöht die Geschwindigkeit des Aufteilungsvorgangs, es kann jedoch vorkommen, daß die Verdeckungsoperationen zwischen zwei Polygonen mehrfach ausgeführt werden. Das ist dann der Fall, wenn beide Polygone mehrere Zellen überdecken.

[1] Anmerkung: Das Rundum-Sichtbarkeitsproblem kann in sechs ebene Sichtbarkeitsprobleme zerlegt werden, indem der Augenpunkt ins Zentrum eines Würfels gelegt wird und die sechs Würfelseiten als Projektionsebenen verwendet werden.

Wie beim Schnittalgorithmus wird das Kriterium für eine vorzunehmende Unterteilung festgelgt. Aus einer Szene mit n Polygonkanten werden vier Teilszenen mit $n_1,\ n_2,\ n_3,\ n_4$ Kanten. Hierbei gilt immer $n \leq n_1 + n_2 + n_3 + n_4$. Unter der Annahme, daß der Basisalgorithmus mit einem Zeitaufwand der Ordnung $O(n^2)$ arbeitet, lautet das Abbruchkriterium also $n^2 < n_1^2 + n_2^2 + n_3^2 + n_4^2$, d.h. das Gesamtproblem ist zeitgünstiger zu lösen als die Summe der Teilprobleme, und die Unterteilung entfällt.

Das Aufteilen eines Polygons auf die Teilszenen kann über Polygonclipping mit einem Zeitaufwand der Ordnung $O(n)$ geschehen (siehe Abschnitt 2.4).

Der Hauptvorteil von Teilen & Herrschen gegenüber dem elementaren Ansatz besteht darin, daß jetzt nicht mehr jede Kante mit allen Polygonen auf Verdeckung geprüft wird, sondern nur noch mit denjenigen, die in der durch die Zellen definierten Umgebung der Kante liegen.

Die Zeitkomplexität ist auch hier wieder stark szenenabhängig.

Im günstigsten Fall ergibt sich die Rekurrenzgleichung

$$T(n) = 4 \cdot T(\frac{n}{4}) + c \cdot n$$

mit einer Zeitkomplexität von $T_{max}(n) = O(n \log n)$.

Im ungünstigsten Fall werden die Polygone im ersten Unterteilungsschritt mindestens halbiert, einige werden geviertelt. Wegen $n_i > \frac{1}{2}n$ greift das Abbruchkriterium sofort, und es gilt

$$n^2 = (\frac{1}{2}n)^2 + (\frac{1}{2}n)^2 + (\frac{1}{2}n)^2 + (\frac{1}{2}n)^2 < n_1^2 + n_2^2 + n_3^2 + n_4^2.$$

Folglich wird auch keine Zerlegung vorgenommen, und der elementare Algorithmus wird sofort angewendet mit $T_{max}(n) = O(n^2 \log n)$.

günstigster Fall:	$T_{max}(n) = O(n \log n)$
ungünstigster Fall:	$T_{max}(n) = O(n^2 \log n)$

4.6 Lösung mit Verbindungsgraph

Die bisher vorgestellten Verfahren sind stark szeneabhängig und liefern keine schlüssigen Aussagen über das generelle Zeitverhalten.

Die Verbindungsgraph-Methode, die bereits in Abschnitt 2.5 zur Schnittbestimmung verwendet wurde, leistet dies und bietet sie so auch zur Lösung des Sichtbarkeitsproblems an.

Im Gegensatz zum elementaren Algorithmus, der nur die Sichtbarkeit von Strecken bestimmt, eignet sich die Verbindungsgraph-Methode zusätzlich für die Sichtbarkeitsbestimmung von Flächen. Außerdem kann hier eine allgemeine Komplexitätsaussage gemacht werden.

Gegeben:

Eine Menge von m ebenen, durchdringungsfreien Polygonen $P_1, P_2, \ldots, P_m$ mit insgesamt n Strecken (Kanten) $s_1, s_2, \ldots, s_n$, ein Augenpunkt a.

Gesucht:

Alle sichtbaren Teile der Polygonkanten $s_1, s_2, \ldots, s_n$.

Der Ablauf des Verfahrens läßt sich grob in die folgenden fünf Schritte einteilen (siehe [Sch82b]):

1. Projektion (Zentralprojektion von Augenpunkt a aus) der Szene ($\mathbb{R}^3$) auf eine Bildebene. Die Koordinaten des $\mathbb{R}^3$ sollten dabei nicht verloren gehen.

2. Erzeugung des Verbindungsgraphen (VG) in der Projektion.

3. Durchwanderung des VG unter Mitführung der nach Tiefe (bzw. Nähe zum Augenpunkt) geordneten Liste der Polygone, in denen man sich aktuell befindet, d.h. des Inklusionsstatus mit tiefengeordneter Liste der Polygone (siehe Inklusionsstatus in Abschnitt 2.5):

   Jede Kante des VG wird genau zweimal durchwandert, einmal von links nach rechts, einmal von rechts nach links.

   Die Liste M der Polygone im Inklusionsstatus wird als AVL-Baum angelegt. Ordnungsschlüssel ist der Abstand der Polygonebene vom Augenpunkt a, also die Ebenengleichung $ax + by + cz + d = 0$.

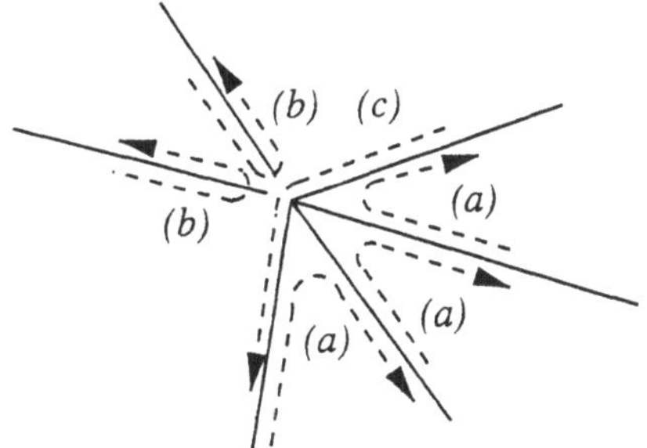

Abbildung 4.7: Updating an einem Knoten.

Da die Polygone sich nicht durchdringen, behalten sie, solange sie in M enthalten sind, ihre relative Ordnung zueinander. Nur beim Einfügen und Löschen in M ändert sich die Ordnung.

Während des Passierens eines Knotens gibt es drei mögliche Fälle (siehe auch Abbildung 4.7):

(a) Kein Update erforderlich, weil jeweils rechts von der Kante dasselbe Polygon liegt.

(b) Jeweils ein Polygon muß gelöscht oder hinzugefügt werden. Die dafür erforderliche Information ist am Knoten verfügbar.

(c) Mehrere Kanten bzw. Polygone müssen hinzugefügt oder gelöscht werden.

4. Anheften von Sichtbarkeitsinformation an alle Kanten des VG:

   Markiere beim Durchwandern an jeder Seite der Kanten des VG, welches unter der Kante liegende Polygon dort dem Augenpunkt am nächsten ist (minimales Polygon).

   Kennzeichne alle Kanten als „unsichtbar“, die auf beiden Seiten dasselbe Polygon als Markierung tragen bzw. die nicht zu einem der minimalen Polygone gehören, denn sie beranden kein sichtbares Teilpolygon. Die verbleibenden Kanten begrenzen die Sichtbarkeitsgebiete.

5. Berichte sämtliche verbleibenden Kanten des VG bzw. das dort sichtbare Polygon, wobei als „unsichtbar“ gekennzeichnete Kanten nicht berücksichtigt werden.

Die einzelnen Operationen auf M sind mit folgendem Zeitaufwand möglich (Minimumsuche bei AVL-Bäumen in $O(1)$):

$Insert(P, M)$	$O(\log n)$
$Delete(P, M)$	$O(\log n)$
$minimales\ Polygon(P, M)$	$O(1)$

Zusammengefaßt ergibt sich für das Aufstellen und Durchwandern des Verbindungsgraphen mit Anheften von Sichtbarkeitsinformation:

Vorverarbeitung	
Keine	
Arbeitsschleife	
Verbindungsgraph aufstellen:	$O((n+k)\log n)$
Durchwanderung von M:	$O(n+k)$
Durchwanderung von M mit $O(\log n)$-Updates:	$O((n+k)\log n)$
„Eliminieren" von „unsichtbaren" Kanten:	$O(n+k)$
Sichtbare Teilkanten berichten (Reporting):	$O(n+k)$
Insgesamt:	$O((n+k)\log n)$

Satz: Sichtbarkeit von Strecken

Der Verbindungsgraph-Algorithmus bestimmt die sichtbaren Teilkanten einer durchdringungsfreien polygonalen Szene von m Polygonen mit insgesamt n Polygonkanten in der Zeit $T_{max}(n, k) = O((n+k)\log n)$, wobei k die Anzahl der Schnittpunkte zwischen Polygonkanten in der projizierten Ebene ist.

Der Speicherbedarf beträgt $S_{max}(n, k) = O(n+k)$.

Nun sollen die sichtbaren Teilpolygone berichtet werden. Hierbei gibt es das Problem, daß die sichtbaren Teilpolygone isoliert oder mehrfach zusammenhängend sein können.

Gegeben:

Eine Menge von m ebenen, durchdringungsfreien Polygonen $P_1, P_2, \ldots, P_m$ mit insgesamt n Strecken (Kanten) $S_1, S_2, \ldots, S_n$, ein Augenpunkt a.

Gesucht:

Alle sichtbaren Teile der Polygone $P_1, P_2, \ldots, P_m$.

Wir berichten die Außenkanten der sichtbaren Polygone im Uhrzeigersinn, die Löcher im Gegenuhrzeigersinn. Hierbei sind Mehrfachschachtelungen möglich, und es sind keine weiteren Zerlegungen erforderlich.

Polygon-Reporting

(1) *Erzeuge einen Kantenzug mit dem oben oder unten sichtbaren Polygon als Begrenzung, solange es noch eine sichtbare Kante gibt, für die noch nicht beide Gebietsseiten abgearbeitet sind.*

(2) *Die Gebiete werden eng durchlaufen (wichtig bei Knoten mit vielen Kanten, siehe Abbildung 4.8).*

(3) *Die Orientierung (Durchlaufrichtung) hängt von der Lage des Polygons bzgl. der Kante ab.*
Der Kantenzug ist in jedem Fall geschlossen.

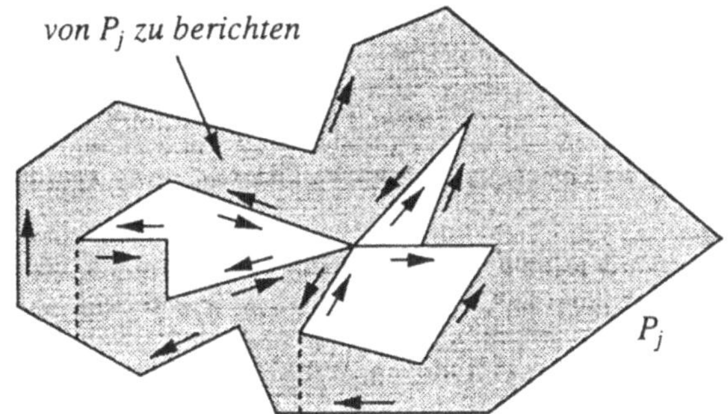

Abbildung 4.8: Polygon-Reporting.

Anmerkung: Beim Polygon-Reporting müssen in den Knoten des Verbindungsgraphen oft unsichtbare Kanten übersprungen werden, und man kann sich fragen, wo dieser Zeitbedarf bleibt. Er ist insgesamt durch einen Term $O(n + k)$ abschätzbar und geht folglich in der Zeitschranke für die Gesamtzeit unter. Dies gilt, weil ein Knoten mit r Kanten zwar formal $O(r^2)$ Schnittpaare liefert, diese aber schon in k eingerechnet sind. Daher kann man sich den „Luxus" erlauben, von jeder der r Kanten des Knotens zu jeder Zielkante zu springen, also $O(r^2)$ „Sprungaufwand" zu erbringen.

Satz: Sichtbarkeit von Flächen

Der Verbindungsgraph-Algorithmus bestimmt die sichtbaren Teilpolygone einer durchdringungsfreien polygonalen Szene von m Polygonen mit insgesamt n Polygonkanten in der Zeit $T_{max}(n, k) = O((n + k) \log n)$, wobei k die Anzahl der Schnittpunkte zwischen Polygonkanten in der projizierten Ebene ist.

Der Speicherbedarf beträgt $S_{max}(n, k) = O(n + k)$.

4.6.0.1 Durchdringungen und Überlappungen

Betrachten wir nun eine polygonale Szene mit Durchdringungen. Es stellt sich die Frage, wie diese im $\mathbb{R}^3$ erkannt werden können, da eine eindeutige Ordnung der Polygone in Richtung Augenpunkt nicht mehr besteht.

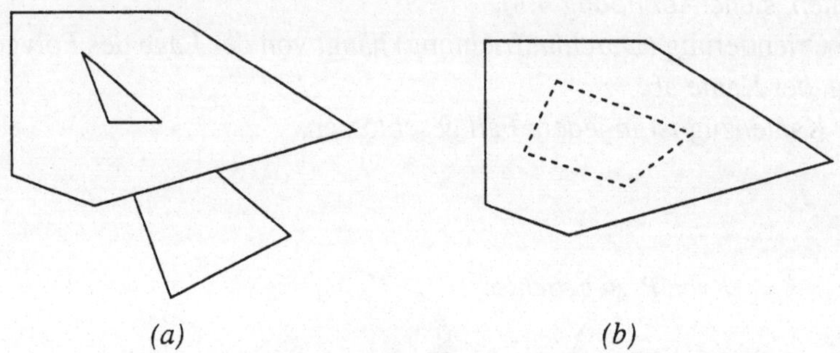

Abbildung 4.9: (a) Durchdringung; (b) Überlappung von Polygonen.

Wir nutzen aus, daß es bei jeder Durchdringung (Abbildung 4.9(a)) von zwei Polygonen wenigstens eine Kante geben muß, die eines der Polygone durchstößt.

Sei nun t die „Tiefe" der Szene, d.h. die maximale Zahl der übereinander liegenden Polygone.

Satz: Durchdringung von Polygonen

Alle Paare (P_i, P_j) sich gegenseitig durchdringender Polygone einer Menge von m Polygonen mit insgesamt n Kanten können in der Zeit

$$T_{max}(n, k, t) = O((n + k)t + (n + k) \log n) = O((n + k)(t + \log n))$$

bestimmt werden, wobei k die Anzahl der Schnittpunkte zwischen Polygonkanten in der projizierten Ebene ist und t die maximale Tiefe der polygonalen Szene, d.h. die Zahl aller sich in einem Punkt der Projektionsebene maximal überlappender Polygone.

Beweis:

Stelle den Verbindungsgraphen auf und durchlaufe ihn mit einfachem Polygon-Inklusionsstatus. Prüfe jede dabei durchlaufene Polygonkante mit den Polygonebenen von M auf Durchdringung. Um alle Inklusionsintervalle für eine Kante zu überprüfen, wird $O(t)$ benötigt, also bewirkt dieses Vorgehen einen zusätzlichen Zeitaufwand von $T_{max}(n, k, t) = O((n + k)t)$. □

Satz: Überlappung von Polygonen

Alle Paare (P_i, P_j) von sich in der Projektionsebene überlappenden Polygonen können in der Zeit

$$T_{max}(n, k, r) = O(r + (n + k) \log n)$$

bestimmt werden, wobei k die Anzahl der Schnittpunkte zwischen Polygonkanten in der projizierten Ebene und r die Zahl der Polygonpaare ist, die sich schnittpunktfrei enthalten.

Beweis:

Polygonpaare, deren Kanten sich irgendwo schneiden, werden bereits beim Sweep-Verfahren erkannt, und das Paar wird berichtet. In diesem Fall entsteht also kein zusätzlicher Zeitaufwand.

Man merkt sich nun für jedes Polygon den ersten (linkesten) Eckpunkt p und durchwandert den Verbindungsgraphen mit einfachem Inklusionsstatus M. Erreicht man nun diesen Eckpunkt $p \in P$ mit $P \in M$ (man befindet sich im Inneren von P), berichtet man alle Paare $\{(P, P') | P' \in M \wedge P' \neq P\}$.

Hier werden nun auch die Polygonpaare erfaßt, bei denen ein Polygon vollständig in einem anderen enthalten ist.

Für die Zeitanalyse gilt, daß das in diesem Fall erfaßte Polygonpaar entweder schon beim Schnittpunkttest berichtet wurde und der zusätzliche Zeitaufwand bereits im Term $O((n + k) \log n)$ enthalten ist oder daß das Paar beim Schnittpunkttest nicht gefunden wurde. In diesem Fall geht es mit zusätzlichem Zeitaufwand $O(1)$ ein.

Man erhält also insgesamt einen zusätzlichen Zeitaufwand von $O(r)$, wobei r die Zahl der echt (d.h. ohne Schnittpunkt) ineinander enthaltenen Polygone ist. □

Es gibt allerdings auch Szenen mit $k = 0$ und $r = O(n^2)$, d.h. der Term r ist wichtig für den Zeitaufwand (siehe Abschnitt 2.8).

Schwierig ist es, jedes Paar (P_i, P_j) nur einmal zu berichten, um im obigen Fall einen geringeren Aufwand als $O(n^2)$ zu erhalten.

Hierfür bietet sich der AVL-Baum an mit

$$(P_i, P_j) < (P'_i, P'_j) :\Leftrightarrow (i < i') \vee ((i = i') \wedge (j < j'))$$

als Ordnungsrelation. Man erkennt in diesem Fall die Mehrfachpaare und erhält $T_{max}(n.k, r) = O((r + k) \log n)$.[2]

[2] Auch das oben erwähnte Kontur-Problem läßt sich mit Hilfe des Verbindungsgraph-Algorithmus

4.7 Lösung über Zellraster

Die Zellrastermethode wurde bereits bei den Schnittalgorithmen vorgestellt. Uns interessiert nun eine Realisierung in Hinblick auf die Lösung von Sichtbarkeitsaufgaben. Es sind verschiedene Varianten für das weitere Vorgehen möglich.

Beispielsweise kann man, wie schon in Abschnitt 4.5 angesprochen, die Polygone auf Zellgröße zerhacken und in jeder Zelle nur die entsprechenden Teilpolygone ablegen. So erhöht sich zwar die Anzahl der insgesamt vorkommenden Polygone, das Sichtbarkeitsproblem läßt sich dann aber völlig unabhängig in jeder Zelle für die jeweiligen Teilpolygone lösen und somit implizit auch für die Ursprungspolygone. Zur Vereinfachung des Vorgehens können wir auch annehmen, daß die Polygone zusätzlich trianguliert werden, wodurch wir es nur mit Dreiecken zu tun haben.

Es empfiehlt sich jedoch folgendes Vorgehen, bei dem die Sichtbarkeitsbestimmung explizit für die Ursprungspolygone durchgeführt wird:

Vorverarbeitung

(1) Lege Zellraster der Größe $\sqrt{n} \times \sqrt{n}$ über die Szene.

(2) Lege in jeder Zelle eine Liste aller Polygone ab, die die Zelle berühren oder vollständig überlappen und zusätzlich die Kanten (bzw. λ-Intervalle der Kanten) in einer Zelle, bezogen auf die jeweiligen Polygone, ab.

Um für ein Polygon P alle Zellen zu bestimmen, die von P berührt oder überlappt werden, läuft man, ausgehend von der Anfangskante des Polygons, alle Kanten im Orientierungssinn ab und ermittelt dabei jeweils die Zellen, die auf dem Rand des Polygons liegen.

In einem weiteren Durchlauf durch das Innere des Polygons können alle überdeckten Zellen aufgrund der Nachbarschaftsbeziehungen festgestellt werden. Hierfür benötigt man einen Zeitaufwand von $T_{max}(n) = O(n_P + s + z)$, wobei n_P die Anzahl der Polygonkanten von P, s die Anzahl der Schnittpunkte von Polygonkanten mit Zellkanten und z die Anzahl markierter Zellen ist.

Das Sichtbarkeitsproblem wird jetzt in jeder einzelnen Zelle getrennt gelöst:

---

in der Zeit $T_{max}(n, k) = O((n + k) \log n)$ lösen. Hierzu werden die sichtbaren Kanten zyklisch berichtet, die zusätzlich auf einer Seite einen leeren Inklusionsstatus $M = \emptyset$ haben.

Sichtbarkeitsbestimmung

(1) *Prüfe für jede Polygonkante - d.h. für das der Zelle entsprechende λ-Intervall - die eventuelle Verdeckung durch die in der Zelle gespeicherten Polygone.*

(2) *Bestimme alle sichtbaren Kantenstücke der Zelle mit elementarem Algorithmus.*

Wenn sich in der Zelle K Objekte befinden ($K = Kanten + Polygone$), so lassen sich alle sichtbaren Kanten der Zelle in der Zeit $T_{max}(K) = O(K^2 \log K)$ über den elementaren Algorithmus bestimmen (siehe Definition für rastergünstige Szenen in Abschnitt 2.1.3.2). Es gilt somit der nachfolgende Satz:

Satz: Sichtbarkeit mit Zellraster

Für die Klasse der K_0-rastergünstigen Szenen berichtet der Zellrasteralgorithmus alle sichtbaren Kantenstücke in der Zeit $T_{max}(n) = O(n)$.

Beweis:

Für die Verdeckung des λ-Intervalls einer Kante in einer Zelle sind nur die Polygone und Kanten der Zelle relevant. Für die Bestimmung der unsichtbaren Teile des λ-Intervalls bezüglich eines der dort vermerkten Polygone genügt die Sichtbarkeitsprüfung mit der Polygonebene bzw. die Schnittpunktprüfung mit den Polygonkanten der Zelle in der Projektion. Somit müssen Polygonkanten außerhalb der Zelle nicht berücksichtigt werden.

Der Aufwand für ein λ-Intervall beträgt $T_{max}(K_0) = O(K_0 \log K_0)$. Da K_0 eine begrenzende Konstante ist, ist der Aufwand zur Abarbeitung einer einzelnen Zelle (max. K_0 λ-Intervalle) $T_{max}(K_0) = O(K_0^2 \log K_0) = O(1)$. Da jeder elementare Algorithmus eine Szene mit konstanter Komplexität mit konstantem Zeitaufwand löst, erhalten wir insgesamt einen Aufwand von $T_{max}(n) = O(n)$ für alle Zellen.

Der Aufbau des Zell-Datenstrukturen für Polygon- und Kantenlisten benötigt $T_{max}(n) = O(K_0 \cdot n) = O(n)$, da die Summe aller auftretenden n_P, s, z von der Ordnung $O(K_0 \cdot n)$ ist. Das Ermitteln der Zellen ist demnach für alle Polygone in linearer Zeit möglich.

Es gilt also einschließlich Vorverarbeitung insgesamt $T_{max}(n) = O(n)$. □

Im schlechtesten Fall, d.h. bei schlechten Teilszenen mit hoher Komplexität, ist dieser Algorithmus jedoch auch nicht besser als der benutzte Basisalgorithmus mit $T_{max}(n) = O(n^2 \log n)$.

Angemerkt sei noch, daß sich eine Sortierung der Polygone in einer Zelle von vorne nach hinten lohnt, ebenso wie alle Kanten bzw. Polygone, die hinter einem die ganze Zelle überdeckenden Polygon liegen, sofort aus den Listen entfernt werden können (*blocking face*).

Weiterhin ist die Effizienz des auf Zellbasis beruhenden Algorithmus nicht relevant für das $O(n)$-Verhalten, da z.B. auch $O(K_0^4) = O(1)$.

Eine Erweiterung auf die Bestimmung der sichtbaren Flächen ist sofort möglich, und es gilt:

Satz: Sichtbarkeit für Flächen

Der Zellrasteralgorithmus berichtet alle sichtbaren Flächenstücke bei K_0-rastergünstigen Szenen ebenfalls in der Zeit $T_{max}(n) = O(n)$, unabhängig von der Effizienz des Basisalgorithmus.

4.8 Günstige und ungünstige 3D-Szenen

Um den Zeitaufwand der einzelnen Verfahren und deren Szenenabhängigkeit genauer untersuchen zu können, wollen wir ihr Verhalten bei einer günstigen und einer ungünstigen Szene vergleichen.

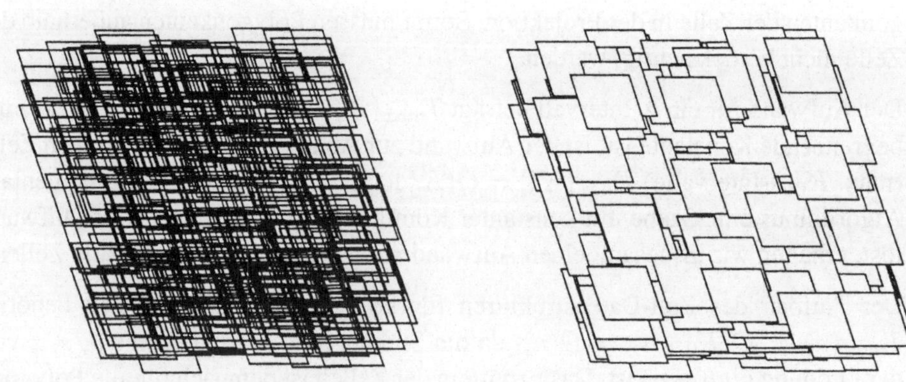

Abbildung 4.10: Günstige Szene.

Definition: Günstige Szenenklasse

Die günstige Szenenklasse S besteht aus der Projektion von f Schichten mit jeweils $m \times m$ Quadraten (durchdringungsfrei), die in der $x, y-$Ebene durch (zufällig gewählte) x_i und y_i variiert werden und in $z-$Richtung durch einen individuellen $z-$Wert charakterisiert sind. Die einzelnen Schichten sind also leicht gegeneinander verschoben.

Folgender Algorithmus erzeugt eine günstige Szenenklasse S (Abbildung 4.10).

Algorithmus: Günstige Szenenklasse

```
begin
   S := ∅;
   for i := 1 to f do begin
      Wähle x_i, y_i ∈ (0,1) zufällig;
      for j := 1 to m do begin
         for k := 1 to m do begin
            Wähle z ∈ (0,1) zufällig;
            S := S ∪ Square ((x_i + j, y_i + k, z),
                             (x_i + j + 1, y_i + k, z),
                             (x_i + j + 1, y_i + k + 1, z),
                             (x_i + j, y_i + k + 1, z));
         end;
      end;
   end;
end;
```

Die Bildebene ist die Ebene mit $z = 0$, und der Augenpunkt liegt bei $(0, 0, +\infty)$. Die Szene hat die Tiefe f und ist durchdringungsfrei. Eine Polygonkante wird von höchstens $2f$ Polygonen berührt bzw. überlappt, d.h. auch die Zahl der Schnittpunkte auf einer Kante ist höchstens $2f$. Die Zahl der Strecken bzw. Polygonkanten beträgt $n = 4fm^2$.

Da alle Polygone konvex sind ($s = 2$) und eine Kante höchstens $t = f - 1$ Schnittpunkte hat und also als konstant angenommen werden kann, gilt für den elementaren Algorithmus („brute force", Abschnitt 4.4) jetzt ein Zeitaufwand von

$$T_{max}(n) = O(n \cdot (n + t \log t)) = O(m^4 \cdot f^2 + m^2 f^2 \log f) = O(n^2).$$

Um den Zeitaufwand für Teilen & Herrschen (siehe Abschnitt 4.5) zu bestimmen, wollen wir davon ausgehen, daß m eine Zweierpotenz ist, d.h. der Unterteilungsprozeß wird dann gestoppt, wenn die Teilszenen nur noch aus einer sichtbaren Fläche bestehen. Eine solche Teilszene hat dann $4f$ Polygone mit je 4 Kanten und wird vom Basisalgorithmus in $O(f^2)$ abgearbeitet. Dieser Vorgang muß für alle

m^2 Teilszenen durchgeführt werden, was einen Gesamtaufwand von $O(m^2 f^2) = O(nf)$ erzeugt.

Der Zeitaufwand für einen Zerlegungsschritt ist direkt proportional zur Anzahl der aktuellen Liniensegmente, und diese ist maximal $2n$, d.h $O(n)$. Falls nun $m = 2^k$, werden $k = \log m$ Unterteilungen durchgeführt, und wir erhalten einen Aufwand für den Teilungsschritt von $O(n \cdot k) = O(n \log m)$. Insgesamt ergibt sich

$$T_{max}(n, f) = O(n \cdot (f + \log m)) = O(n \cdot (f + \log n)),$$

und es gilt $T_{max}(n) = O(n \log n)$, falls $f = O(1)$ für die Szenenklasse gilt.

Bei der Verbindungsgraph-Methode mit $T_{max}(n) = O((n + k) \log n)$ (siehe Abschnitt 4.6) ergibt sich aufgrund der Schnittpunktanzahl von $k = n \cdot 2f = 8f^2m^2$ der Aufwand zu

$$T_{max}(n, f) = O(f \cdot n \log n),$$

bzw. $T_{max}(n) = O(n \log n)$, falls $f = O(1)$ für die Szenenklasse.

Das Zellrasterverfahren (Abschnitt 4.7) teilt die Szene in ein $\sqrt{n} \times \sqrt{n}$ Raster ein. Die einzelnen Zellen haben ($\sqrt{n} = 2m\sqrt{f}$) eine Kantenlänge von

$$\frac{m+1}{2m\sqrt{f}} \leq \frac{1}{2}.$$

In den Zellen liegen jeweils maximal $4f$ Teilpolygone. Die Sichtbarkeitsbestimmung mit dem elementaren Algorithmus auf Zellebene benötigt jetzt also insgesamt

$$T_{max}(nf) = O(nf^2)$$

bei einer Vorverarbeitung von $T_{max}(nf) = O(nf)$.

Zusammenfassend gilt für günstige Szenen:

Elementarer Algorithmus:	$O(n^2)$
Teilen & Herrschen:	$O(n \log n)$
Verbindungsgraph:	$O(n \log n)$
Zellraster:	$O(n)$

Falls f nicht konstant ist (z.B. $O(m) = O(f)$) , erhalten wir ($O(m) = O(f) = O(\sqrt[3]{n})$):

Elementarer Algorithmus:	$O(n^2)$
Teilen & Herrschen:	$O(n^{\frac{4}{3}})$
Verbindungsgraph:	$O(n^{\frac{4}{3}} \log n)$
Zellraster:	$O(n^{\frac{5}{3}})$

Definition: Ungünstige Szenenklasse

Eine ungünstige Szenenklasse S besteht aus der Projektion von f Schichten mit jeweils m horizontalen und m vertikalen Rechtecken (durchdringungsfrei), die in z–Richtung durch einen individuellen z–Wert variiert werden.

Folgender Algorithmus erzeugt die vertikalen Polygone für eine ungünstige Szenenklasse S (siehe Abbildung 4.11). Die Generierung der horizontalen Lattenpolygone geschieht analog.

Algorithmus: Ungünstige Szenenklasse

```
begin
    S := ∅;
    for i := 1 to f do begin
        Wähle x_i, y_i ∈ (0,1) zufällig;
        for j := 1 to m do begin
            Wähle z ∈ (0,1) zufällig;
            (* vertikale Lattenpolygone *)
            S := S ∪ Rectangle ((x_i + j, y_i, z),
                                (x_i + j + 1, y_i, z),
                                (x_i + j + 1, y_i + m, z),
                                (x_i + j, y_i + m, z));
        end;
    end;
end;
```

Wieder ist die Bildebene durch $z = 0$ gegeben, und der Augenpunkt liegt bei $(0, 0, +\infty)$. Die Szene hat die Tiefe $2f$ und ist durchdringungsfrei. Die Zahl der Polygone (Latten) beträgt $2fm$, die der Strecken bzw. Polygonkanten $n = 8fm$. Auf langen Kanten gibt es $2fm$ Schnittpunkte, auf kurzen weniger.

Diese Szene enthält ebenfalls nur konvexe Polygone ($s = 2$), allerdings hat sich die Anzahl der Schnittpunkte auf einer Strecke auf $t = 2fm$ erhöht. In diesem Fall

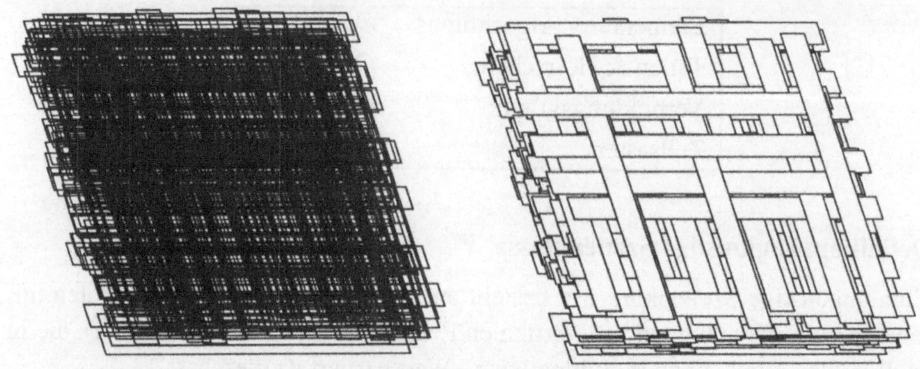

Abbildung 4.11: Ungünstige Szene.

gilt für den elementaren Algorithmus mit $t = O(m)$ jetzt $T_{max}(n, f) = O(n^2 + n \cdot m \log m)$ bzw. $T_{max}(n) = O(n^2 \log n)$ mit $f = O(1)$.

Die Teilen & Herrschen-Methode versagt hier, da sich bei einer Unterteilung die Anzahl der Strecken mehr als verdoppelt und somit keine Aufteilung stattfindet. Es wird sofort der elementare Algorithmus angewendet (siehe Abschnitt 4.5), und es gilt folglich ebenfalls $T_{max}(n) = O(n^2 \log n)$.

Bei der Lösung über Verbindungsgraphen mit $T_{max}(n) = O((n+k) \log n)$ erhalten wir ebenfalls einen Aufwand von $T_{max}(n) = O(n^2 \log n)$, da sich die Anzahl der Schnittpunkte auf $k = 4fm \cdot 2fm = 8f^2m^2 = O(n^2)$ beläuft.

Auch über Zellraster erhält man das gleiche Ergebnis. Jedes Polygon wird entlang seiner längeren Achse in $\sqrt{n}$ Zellen eingeordnet. Entlang seiner kürzeren Achse wird es in $O(1 + \frac{\sqrt{n}}{m+1})$ Zellen eingeteilt, da die Polygonbreite eins beträgt und die Zellbreite $\frac{m+1}{\sqrt{n}}$ ist. Insgesamt wird das Polygon also in

$$O\left(\sqrt{n}\left(1 + \frac{\sqrt{n}}{m+1}\right)\right)$$

Zellen eingetragen. Bei $O(n)$ Polygonen und n Zellen sind pro Zelle $O(\sqrt{n}(1 + \frac{\sqrt{n}}{m+1})$ Polygone zu verarbeiten. Der Zerlegungsaufwand beträgt demnach

$$T_{max}(n) = O\left(n\sqrt{n}\left(1 + \frac{\sqrt{n}}{m+1}\right)\right).$$

Die Sichtbarkeitsbestimmung mit elementarem Algorithmus auf Zellebene erfordert insgesamt

$$T_{max}(n) = O\left(n\left(\sqrt{n}\left(1+\frac{\sqrt{n}}{m+1}\right)\right)^2 \log\left(\sqrt{n}\left(1+\frac{\sqrt{n}}{m+1}\right)\right)\right)$$

mit der Abschätzung $\frac{\sqrt{n}}{\sqrt{m+1}} \approx \frac{8f}{m}$ erhält man

$$T_{max}(n) = O\left(n^2\left(1+\sqrt{\frac{8f}{m}}\right)^2 \log\left(n\left(1+\sqrt{\frac{8f}{m}}\right)\right)\right). \tag{4.1}$$

Der Term $\frac{8f}{m}$ kann als konstant angenommen werden, und deshalb kann Gleichung 4.1 abgeschätzt werden mit $T_{max}(n) = O(n^2 \log n)$.

Elementarer Algorithmus:	$O(n^2 \log n)$
Teilen & Herrschen:	$O(n^2 \log n)$
Verbindungsgraph:	$O(n^2 \log n)$
Zellraster:	$O(n^2 \log n)$

Wie wir gesehen haben, sind Komplexitätsaussagen für Sichtbarkeit stark szenenabhängig. Bei einigen Sichtbarkeitsalgorithmen kann der Reporting-Aufwand, d.h. die Ausgabe von der Ordnung $O(n^2)$ sein.

Satz:

Jeder Algorithmus zur Lösung des Sichtbarkeitsproblems für polygonale Szenen hat im schlechtesten Fall mindestens eine Rechenzeit von $T_{max}(n) = \Omega(n^2)$.

Beweis:

Man betrachte eine schlechtkonditionierte Szene, die aus einem Gitter von $\frac{n}{4}$ rechteckigen Latten besteht (siehe Abbildung 4.12), mit insgesamt n Kanten.

Auf $\frac{n}{4}$ (hintenliegende) Polygonkanten sind $\frac{n}{8}+1$ Sichtbarkeitsintervalle zu berichten, also $O(\frac{n}{4}\cdot(\frac{n}{8}+1))$. Der Reportingaufwand, d.h. die Größe der Ausgabemenge, ist also $O(n^2)$, da $O(n^2)$ Schnittpunkte existieren. □

Es bleibt nun die Frage zu klären, wie gut bzw. nahe man an diese untere Schranke herankommt. Hierzu existiert folgender Satz:

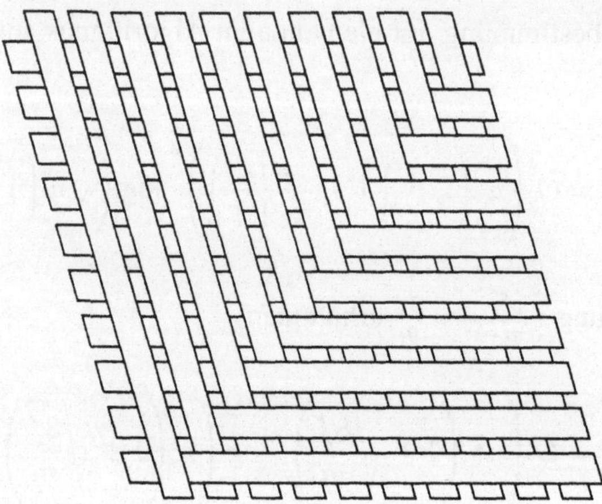

Abbildung 4.12: Szene mit quadratischem Reporting-Aufwand.

Satz: (Dévai, [Dév86])

Es gibt einen Algorithmus zur Berechnung der sichtbaren Kantenteile von Polygonszenen, für den $T_{max}(n) = O(n^2)$ gilt.

Beweis:

Siehe [Dév86]. □

Der in [Dév86] von Dévai vorgestellte Algorithmus zur Bestimmung sichtbarer Strecken wurde von McKenna (siehe [McK87]) auf die Berechnung aller sichtbaren Teilpolygone in ebenfalls $T_{max}(n) = O(n^2)$ erweitert.

Da die Algorithmen von Dévai und McKenna immer $T_{max}(n) = O(n^2)$ benötigen, sind sie für die Praxis eher untauglich, denn wir haben gesehen, daß einige Algorithmen das Problem bei entsprechenden Szenen in $T_{max}(n) = O(n \log n)$ lösen können.

Satz: Untere Schranke für Sichtbarkeitsproblem

Jeder Algorithmus zur Bestimmung aller sichtbaren Teile von Polygonkanten (bzw. Polygonen) hat die Eigenschaft $T_{max}(n) = \Omega(n \log n)$.

Beweis:

Das Sichtbarkeitsproblem für Flächen kann in linearer Zeit auf das Sortierproblem zurückgeführt werden.

Gegeben seien n zu sortierende Zahlen x_i (Punkte auf einer Geraden).

Sortieren über Sichtbarkeitsbestimmung

(1) Suche minimale und maximale Zahl (x_{min}, x_{max}).

(2) Lege eine Parabel durch x_{min} *und* x_{max}:
$f(x) = (x_{min} - x)(x - x_{max})$.
(Siehe auch Abbildung 4.13.)

(3) $\forall i$ *lege Tangente* t_i *durch Punkt* $(x_i, f(x_i))$
mit Steigung $f'(x_i)$.

(4) $\forall i$ *bilde Polygon* P_i *(rechtwinkliges Dreieck)*
oberhalb der Tangente t_i *(Hypothenuse).*

(5) Bestimme die Sichtbarkeit bzgl. des Hintergrundpolygons.

(6) Die Kanten des sichtbaren Teils des Hintergrundpolygons
enthalten für jedes x_i *ein Stück der jeweiligen Tangente* t_i.
Kanten werden nacheinander ausgegeben (Polygone als Kantenzug).

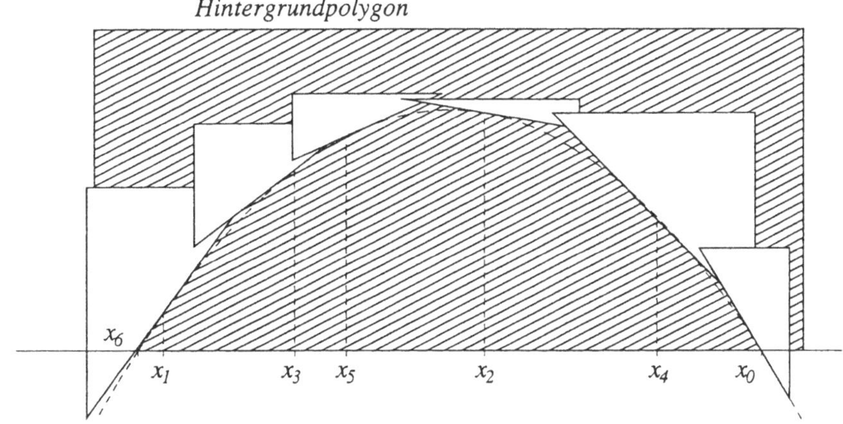

Abbildung 4.13: Sortieren über Sichtbarkeitsbestimmung.

Da die untere Schranke für Sortieren $T_{max}(n) = \Omega(n \log n)$ ist, kann die Szene nicht mit geringerem Aufwand bearbeitet werden. Ein analoges Resultat kann auch für das Sichtbarkeitsproblem mit Streckenausgabe bewiesen werden. □

Die ungünstige Klasse von Szenen erfordert bei allen Algorithmen den Gesamtaufwand $T_{max}(n) = O(n^2 \log n)$. Hier würden folglich die Algorithmen von Dévai und McKenna bessere Ergebnisse erzielen.

Zusammenfassend kann man feststellen: Bei ungünstigen Szenenklassen muß mit einem Gesamtaufwand von $T_{max}(n) = O(n^2)$ bis $T_{max}(n) = O(n^2 \log n)$ gerechnet werden, während günstige Szenenklassen mit $T_{max}(n) = O(n \log n)$ bewältigt werden.

Rastergünstige Szenen, die in der Praxis vorherrschend sind, werden mit Zellrasterverfahren sogar mit einer Zeitkomplexität $T_{max}(n) = O(n)$ bewältigt, wobei man für K_0 Werte zwischen 5 und 10 unterstellen kann.

Ein Wert von $K_0 = 10$ bedeutet z.B., daß eine einzelne Polygonkante im Mittel in bis zu 10 Zellen des Rasters vertreten sein kann, denn die Zahl der Rasterzellen ist gleich der Zahl der Polygonkanten n.

Will man alles ausnutzen, was die Analyse ergeben hat, so kann man das Zellrasterverfahren so modifizieren, daß in der einzelnen Zelle die Verbindungsgraph-Methode angewandt wird, ein szenenadaptives Verfahren.

Bei dieser Vorgehensweise kann man zusätzlich durch Vergröberung des $\sqrt{n} \times \sqrt{n}$-Zellrasters mit der in Abschnitt 2.1.3 erläuterten $x - y$-Spannen-Methode sicherstellen, daß das Anlegen des Zellrasters seinerseits nicht mehr als $O(n)$ Aufwand erfordert. Dies ist wichtig, um nicht bereits in diesem Schritt einen quadratischen Aufwand zu erzeugen.

Schließlich ist noch die Frage interessant, welche T_{max}-Schranke von einem optimalen Algorithmus für die Berechnung der sichtbaren Polygonteile erwartet werden kann. Diese hat offensichtlich die Form

$$T_{maxopt}(n) = O(r + n \log n),$$

wobei r der Reporting-Aufwand, also die Zahl der zu berichtenden (also sichtbaren) Teilkanten ist. Dieser Term muß in der Schranke enthalten sein genauso wie der Term $n \log n$ wegen der Möglichkeit des Sortierens. Letzterer Term kann bei Rastertechniken evtl. durch n ersetzt werden.

Für Szenen mit Einschränkungen der allgemeinen Lage von Polygonen konnten solche Zeitschranken erzielt werden, für den allgemeinen Fall durchdringungsfreier Polygonszenen ist das Problem offenbar noch ungelöst, einen optimalen Algorithmus zu konstruieren.

4.9 Bildraumalgorithmen zur Sichtbarkeitsbestimmung

In der heutigen Praxis der graphischen Datenverarbeitung dominieren die Bildraumalgorithmen. Bei ihnen konzentriert man sich auf das Ziel, die Pixel eines Rasterbildes korrekt mit Farb- und Helligkeitswerten zu füllen.

Komplexitätsuntersuchungen bzgl. T_{max} führen meist direkt zu durchsichtigen Ergebnissen, so daß es sich in der Regel neben einer sorgfältig optimierten Codierung der Algorithmen nicht lohnt, Methoden der Computational Geometry einzusetzen, um Verbesserungen zu erzielen.

4.9.1 Algorithmen mit Prioritätslisten

Die Grundidee der Algorithmen mit Prioritätslisten besteht darin, Polygone in abnehmender Entfernung zum Augenpunkt in den Bildspeicher zu zeichnen.

Die Algorithmen legen eine Sichtbarkeitsordnung der zu behandelnden Objekte fest. Falls keine zyklische Überlappungen oder Durchdringungen vorliegen, so kann eine eindeutige Ordnung festgelegt werden, und die Objekte können einfach in dieser Reihenfolge dargestellt werden. Im anderen Fall müssen die beteiligten Objekte geteilt werden, um auch hier eine lineare Ordnung herzustellen.

Es handelt sich hier um Mischformen von Objekt- und Bildraumalgorithmen. Im Objektraum werden Tiefenvergleiche, Sortierung (*Prioritätsliste*) und die Objektunterteilungen vorgenommen, die eigentliche Sichtbarkeitsbestimmung wird im Bildraum durch die Darstellung der Objekte entsprechend ihrer Ordnung in der Prioritätsliste durchgeführt.

4.9.1.1 Ein intuitiver Ansatz: Der Painter's Algorithmus

Der einfachste Vertreter dieser Gruppe ist unter dem Namen Painter's Algorithmus (Strategie der Ölmaler) bekannt.

Painter's Algorithmus, [FvDFH82]

(1) *Sortiere die darzustellenden Flächen (Polygone) nach dem Abstand zum Augenpunkt. (Verwende kleinste z-Koordinate jedes Polygons.)*

(2) *Beginne mit dem entferntesten Polygon und „male" fortlaufend die ausgefüllten projizierten Polygone auf den Bildschirm.*
Der Algorithmus endet mit dem Polygon, das dem Auge am nächsten liegt.

Falls sich Polygone überlappen oder durchdringen, so können Fehler auftreten. Diese Fehler können für viele Szenen toleriert werden, da der Algorithmus auch bei vielen kleinen Polygonen sehr schnell ist und somit ein Kandidat für einfache interaktive 3D-Software bleibt.

4.9.1.2 Behandlung von zyklischen Überlappungen und Durchdringungen

Um zyklische Überlappungen und Durchdringungen korrekt aufzulösen bzw. zu behandeln, werden beim Algorithmus mit Tiefensortierung von Newell, Newell und Sancha mehrere Tests kaskadiert durchgefürt.

Algorithmus mit Tiefensortierung, [NNS72]

(1) Sortiere die Polygone nach der jeweils kleinsten z-Koordinate.

(2) Beginne mit dem entferntesten, nichtmarkierten Polygon und überprüfe für jedes Polygon P_i, ob es sich mit einem noch nicht bearbeiteten Polygon P_j in z-Richtung überlappt oder schneidet.

(3) Falls sich P_i mit keinem Polygon P_j in z-Richtung überlappt oder schneidet, so kann es ausgegeben und als bearbeitet markiert werden. Weiter bei (2).

(4) Solange es ein Polygon P_j gibt, mit dem sich Polygon P_i in z-Richtung überlappt oder schneidet, so müssen nachfolgende Bedingungen überprüft werden.

1. Die Bounding-Boxes der in die xy-Ebene projizierten Polygone überlappen bzw. schneiden sich nicht.

2. Alle Eckpunkte von Polygon P_i liegen vom Augenpunkt aus betrachtet hinter der Ebene durch P_j (siehe Abbildung 4.14(a)).

3. Alle Eckpunkte von Polygon P_j liegen vom Augenpunkt aus betrachtet vor der Ebene durch P_i (siehe Abbildung 4.14(b)).

4. Die Projektionen der Polygonen in der xy-Ebene überlappen sich nicht.

(4a) Falls eine Bedingung erfüllt ist, muß keine Umordnung durchgeführt werden.
Weiter bei (4) mit nächstem P_j.

(4b) Falls keine Bedingung erfüllt ist und P_i noch nicht bewegt wurde, so werden P_i und P_j in der Prioritätsliste vertauscht und P_j als bewegt markiert.
Weiter bei (2) mit P_j.

(4c) Sonst liegt eine zyklische Überlappung vor. In diesem Fall wird P_i entlang den Überlappungsgrenze mit P_j geteilt
Weiter bei (2) mit dem entfernteren Teil von P_i.

(5) Falls für alle P_j eine der Bedingungen erfüllt war, kann P_i ausgegeben und als bearbeitet markiert werden.
Weiter bei (2).

Die erste Bedingung läßt sich auch durch einen Überlappungstest in x- und einen in y-Richtung ersetzen. Zur Überprüfung der zweiten und dritten Bedingung können die impliziten Ebenengleichungen verwendet werden. Für die vierte Bedingung müssen alle Polygonkanten auf eventuelle Schnitte untersucht werden.

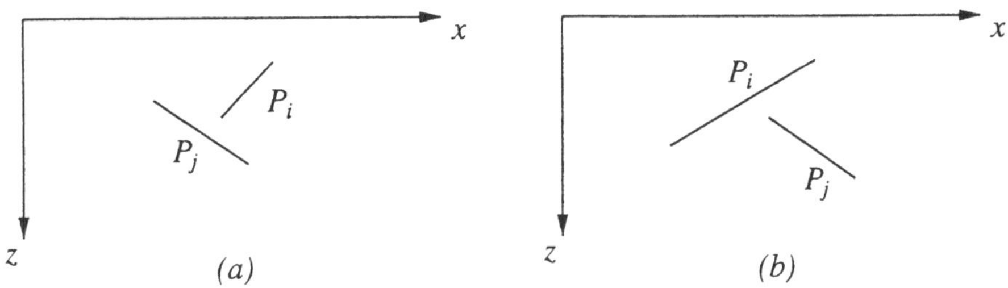

Abbildung 4.14: (a) Bedingung 2 ist erfüllt; (b) Bedingung 2 ist nicht erfüllt, Bedingung 3 ist erfüllt.

Die Markierung der bewegten Flächen (siehe (4b)) ist nötig, um zyklische Überlappungen (siehe (4c)) zu erkennen und behandeln zu können. Ansonsten würde der Algorithmus endlos weiterlaufen.

4.9.1.3 Binäre Raumunterteilungsbäume

Mit Binären Raumunterteilungsbäumen bzw. Binary Space-Partitioning Trees kann man die Sichtbarkeitsverhältnisse einer Menge von Polygonen sehr effizient berechnen. Der linear arbeitende Algorithmus eignet sich besonders für Anwendungen, bei denen sich zwar der Augenpunkt, jedoch nicht die Objektanordnung der Szene ändert, da er auf einem zeit- und speicherintensiven Initialisierungsschritt aufbaut (siehe auch [dB95a]).

4.9.2 Der Tiefenpuffer-Algorithmus

Eine weitere Möglichkeit, Überlappungen und Überschneidungen zu behandeln, besteht im Bildraum. Wenn beim Zeichenvorgang eines jeden Pixels dessen Tiefe bestimmt und das Pixel nur dann gezeichnet wird, wenn seine Tiefe geringer ist als ein bisher an dieser Stelle gespeicherter Wert, so hat man eine Art Painters-Algorithmus auf Pixelebene.

Der Tiefenpuffer-Algorithmus (z-Buffer Algorithmus) arbeitet nach diesem Prinzip. Er ist einer der einfachsten Bildraumalgorithmen, kann sowohl in Software als auch in Hardware realisiert werden [BFP86] und ist Bestandteil praktisch aller moderneren Hardware-Module für die Graphik-Beschleunigung.

Zusätzlich zum Bildspeicher (*framebuffer*) benötigt man also ein zweidimensionales Feld, das für jedes Pixel des Bildes die Entfernung (z-Wert) vom Augenpunkt zum jeweils nächstliegenden Objekt enthält (z-Buffer).

Algorithmus: Tiefenpuffer (z-Buffer), [Cat74]
Initialisierung
(1) Färbe den Bildspeicher (framebuffer) mit der Hintergrundfarbe.
(2) Initialisiere den Tiefenpuffer (zbuffer) mit dem maximalen Abstand.

```
for alle Flächen F der Szene do begin
    for alle Pixel(x,y) in der Projektion von F do begin
        Bestimme die Tiefe d von F für Pixel(x,y);
        if d < zbuffer[x, y] then begin
            zbuffer[x, y] := d;
            Berechne die Farbe c für Pixel(x,y);
            framebuffer(x,y):=c;
        end;
    end;
end;
```

Nach Abarbeitung aller Flächen enthält der Bildspeicher die Abbildung aller sichtbaren Flächenstücke und der Tiefenpuffer die zugehörige Tiefeninformation.

Unter Ausnutzung der Tiefenkohärenz durch ein Sweep-Verfahren und der Eigenschaft, daß die Polygone eben sind, erhalten wir, ausgehend von der Ebenengleichung $A \cdot x + B \cdot y + C \cdot z + D = 0$ für z die Gleichung $z = -\frac{A \cdot x + B \cdot y + D}{C}$. Für zwei benachbarte Punkte (x_i, y_j) und $(x_{i+1}, y_j) = (x_i + 1, y_j)$ auf der Sweep-Line erhalten wir mit obiger Gleichung bei bekanntem z_k als neuen z-Wert $z_{k+1} = z_k - \frac{A}{C}$.

Analoge Berechnungen gelten für die Punkte (x_i, y_j) und $(x_i, y_{j+1}) = (x_i, y_j - 1)$ von benachbarten Sweep-Lines, wofür wir bei bekanntem z_k nun $z_{k+1} = z_k + \frac{B}{C}$ setzen.

Der Algorithmus kann für beliebige Objekte angewendet werden, sofern Tiefen- und Farbinformation vorhanden sind, und ist einfach zu implementieren. Ein heute nicht mehr so stark ins Gewicht fallender Nachteil dieses Algorithmus ist der hohe Speicherbedarf für den Tiefenpuffer. Dieser Nachteil wird in einer weiter unten vorgestellten Variante des Algorithmus behoben.

Es gibt verschiedene Varianten des Tiefenpuffer-Algorithmus. So schlägt Atherton in [Ath81] einen *Objekt-Puffer* vor, in dem nicht nur der am nächsten gelegene z-Wert gespeichert wird, sondern eine nach z-Koordinaten sortierte Liste aller Punkte für ein Pixel mit ihrer jeweiligen Objektzugehörigkeit. Auf diese Weise lassen sich sehr einfach Transparenz-, Clipping- und Mengenoperationen durchführen, ohne daß das Bild neu abgearbeitet werden muß.

Eine adaptierte Tiefenpuffer-Variante für Objekte der *Constructive Solid Geometry* (CSG) wird in [RR86] diskutiert.

Der Nachteil des hohen Speicherbedarfs kann abgeschwächt werden, indem man immer nur die Pixel einer Sweep-Line betrachtet. Dies leistet der nachfolgende Algorithmus, der somit ein Spezialfall des Tiefenpuffer-Algorithmus ist.

Um nicht für jede relevante Sweep-Position alle Polygone untersuchen zu müssen, bietet sich eine Vorsortierung an (siehe auch Abschnitt 2.1.1).

4.9.2.1 Sweep-Line z-Buffer

Das Sweep-Line z-Buffer Verfahren besticht außerdem durch seine Einfachheit. Benötigt werden ein einzeiliger Tiefenpuffer sowie ein Bildspeicher, die beide für jede neue Sweep-Line gelöscht und zum Aufaddieren der Sichtbarkeitsbereiche der einzelnen Polygone benutzt werden (o.B.d.A. Sweep-Line Folge in y-Richtung):

Algorithmus: Sweep-Line z-Buffer, [Mye75]

```
Sortiere die Polygone nach erster und letzter Sweep-Line,
die sie schneiden, in eine verkettete Liste;
(* die Liste liefert alle an einer y-Koordinate aktiven Polygone *)
for alle Sweep-Lines l do begin
    framebuffer(l):=background;
    zbuffer(l):=d_max;
    for alle Polygone, die die Sweep-Line l schneiden do begin
       Berechne die Tiefe d für Pixel(x, l);
       if d <zbuffer[x, l] then begin
          zbuffer(x,l):=d;
          Berechne die Farbe c für Pixel(x,l);
          framebuffer(x,y):=c;
       end;
    end;
end;
```

Hierbei kann ein Sweep-Line-Verfahren ähnlich dem Bentley-Ottmann-Algorithmus dazu verwendet werden, die jeweils von der Sweep-Line geschnittenen Polygone effizient mitzuführen.

Crocker [Cro84] nutzt in seinem Algorithmus zusätzlich die Unsichtbarkeitskohärenz aus, d.h. die Eigenschaft, daß Flächen, die auf einer Sweep-Line unsichtbar sind, mit größter Wahrscheinlichkeit auch auf der nächsten unsichtbar bleiben.

5 Hüllenbildung

Oft werden geometrische Berechnungen mit einer Menge von Objekten durch die Komplexität der Objekte selbst erheblich erschwert. Sollen etwa sich schneidende Paare von n gegebenen komplizierten Geometrien gefunden werden, so entsteht ein Großteil des Rechenaufwandes in den Schnittoperationen mit zwei beteiligten Objekten.

Die Idee ist nun, in einem ersten Schritt alle Objekte durch einfache Geometrien geeignet zu approximieren. Dann werden zuerst die schneidenden Paare von Approximationen bestimmt. Nur wenn sich diese schneiden, wird der Schnitt der jeweiligen Originalobjekte berechnet.

In diesem Kapitel wird die Erzeugung solcher geometrisch günstigen Approximationen behandelt. Neben dem als Motivation angegebenen Schnittproblem gibt es eine Reihe anderer Aufgabenstellungen und Forderungen an Approximationen.

Beispielsweise existieren im Bereich CAD oder in der Statistik eine Reihe von Fragestellungen, bei denen approximative einfache Objekte gesucht werden. In der Regel sind solche gesucht, die das Original „einhüllen".

5.1 Allgemeine Formulierung

Generell kann das Hüllproblem als Zuordnung eines Hüllobjektes zu einer Menge gegebener Objekte formuliert werden.

Gegeben:

Eine Menge P geometrisch beschriebener Objekte im $\mathbb{R}^k$.

Gesucht:

Ein Objekt Q im $\mathbb{R}^k$, so daß gilt $\{\forall p \in P : Q \text{ enthält } p\}$ und Q minimal ist, z.B. bzgl. Oberfläche,Volumen oder Maximalausdehnung.

Außerdem muß Q weiteren geometrischen Eigenschaften (z.B. Objektart) genügen.

Wir wollen hier die gegebene Objektmenge nicht näher charakterisieren. Die in den nächsten Abschnitten angegebenen Algorithmen arbeiten meist auf Punktmengen. Die Verallgemeinerung auf beliebige Objekte ist nicht trivial, kann aber oft durch Angabe repräsentativer Objektpunkte auf die Bearbeitung von Punktmengen reduziert werden.

Die in der folgenden Aufzählung angegebenen Objekte stellen keine vollständige Menge günstiger Hüllobjekte dar. Sie ist der Praxis entlehnt, in der sich das Interesse auf wenige Typen konzentriert.

- **Quaderhülle** (*bounding box*)

  Die Quaderhülle einer Objektmenge ist ein minimaler umfassender Quader im $\mathbb{R}^k$, dessen Kanten isoorientiert sind. Eine häufig benutzte Variante sind beliebig orientierte Quader, die die Objektmengen besser umschließen, aber beim Schnittest höheren Aufwand erzeugen.

  Quaderhüllen sind sehr wichtig in der Computergraphik, insbesondere wenn Flächenstücke in impliziter oder Parameter-Darstellung behandelt werden sollen, z.B. für Strahlanfragen.

- **Kugelhülle** (*bounding sphere*)

  Unter Kugelhülle (oder Hüllkugel) wird eine die Objektmenge umfassende Kugel mit kleinstem Radius verstanden. Als Variante können auch zwei aneinander anstoßende Kugeln angegeben werden, deren Radiensumme minimal ist.

  Kugelhüllen haben gegenüber Quaderhüllen den Vorteil, daß sich der Schnittest einfacher durchführen läßt, allerdings ist ihre Approximationsgüte für viele Arten von Objekten gering. Bessere Hülleigenschaften haben Ellipsoide. Hier wird allerdings der Schnitt aufwendiger, da statt einem Radius k Hauptradien im $\mathbb{R}^k$ betrachtet werden müssen.

- **Konvexe Hülle** (*convex hull*, **CH**)

  Definition: Konvexe Hülle

  Seien n paarweise verschiedene Punkte $p_1, p_2, ..., p_n$ im $\mathbb{R}^k$ gegeben. Dann ist die konvexe Hülle die Begrenzung des kleinsten konvexen Bereiches, der die konvexe Menge von $p_1, p_2, ..., p_n$ umschließt (siehe Abschnitt 1.7.2).

  Das Ergebnis ist im $\mathbb{R}^2$ ein Polygon, das durch die Folge seiner Randpunkte im Gegenuhrzeigersinn angegeben wird, im $\mathbb{R}^3$ ein Polyeder und im $\mathbb{R}^n$ ein Polytop.

- **Rasterhülle**

  Einen neue Aufgabenstellung entsteht, wenn die Hüllobjekte nicht mehr beliebig in Größe und Ort sein dürfen. Beispielsweise können sie Zellen eines Zellrasters sein, das über die Objektmenge gelegt wird. Sei also nun zusätzlich ein Zellraster gegeben. Das Problem lautet dann, alle Zellen zu finden, in denen Objekte aus P liegen.

  In diesem Fall wird das Objekt also von einer Menge von Rasterzellen eingehüllt. Anwendung finden diese Hüllen z.B. bei der Lösung des Kollisionsproblems mit vielen bewegten Objekten, bei Strahlanfragen (Raytracing) und bei Schnittproblemen, die mit Zellrastertechnik gelöst werden sollen.

- **Inverse Hülle**

  Einmal andersherum formuliert, kann man auch ein Objekt suchen, für das ein gegebenes Objekt eine Hülle darstellt. Sei beispielsweise ein ebenes Polygon P gegeben, so stellt sich manchmal die Frage nach dem flächengrößten konvexen Polygon Q, für das gilt: $Q \subseteq P$. Eine Anwendung hierfür ist beispielsweise die Kernfindung in einem Sternpolygon.

5.2 Hüllobjekte von Punktmengen

Nach der im letzten Abschnitt gegebenen unvollständigen Liste von Hüllobjekten werden nun – ebenfalls unvollständig – einige Verfahren zur Bestimmung von Hüllobjekten einer Punktmenge P im $\mathbb{R}^2$ betrachtet.

5.2.1 Quaderhülle

Soll ein iso-orientierter Quader erzeugt werden, so ist das Vorgehen intuitiv. Es müssen in jeder Koordinate Minimum und Maximum bestimmt werden:

Algorithmus: Quaderhülle einer Punktmenge

(1) *Bestimme in jeder Koordinate i, mit $i = 1, 2, ..., k$, jeweils die mimimale und die maximale Ausdehnung des Objekts ($x_i^{min} := \min_{p \in P} p_i$, $x_i^{max} := \max_{p \in P} p_i$).*

(2) *Dann bilden die Punkte $p_{min} = (x_1^{min}, x_2^{min}, ..., x_k^{min})$ und $p_{max} = (x_1^{max}, x_2^{max}, ..., x_k^{max})$ die Diagonale des gesuchten Quaders.*

Ist die Lage des Quaders beliebig, so ist in einem Vorverarbeitungsschritt die beste Lage herauszufinden. Gute Anhaltspunkte hierfür bilden beispielsweise die Trägheitsmomente der Objektmenge.

Diese wird als solider Körper aufgefaßt, und über gängige Algorithmen werden die Momente erster und zweiter Ordnung bestimmt. Verlaufen die Kanten des Quaders entlang der Hauptachsen, so ergeben sich in der Regel gute Ergebnisse.

5.2.2 Kugelhülle

Zur Bestimmung der Kugelhülle existiert ein eleganter Algorithmus von Welzl [Wel91], der auch für die Gewinnung von Ellipsoiden tauglich ist.

Wir wollen uns auf die Herstellung einer Kreishülle im $\mathbb{R}^2$ konzentrieren. Im Algorithmus wird rekursiv die Prozedur *Kleinster_Kreis*$(\mathbf{P}, \mathbf{R}, K)$ aufgerufen, die den kleinsten Kreis K berechnet, der die Punkte aus der Menge $\mathbf{P}$ enthält und auf dessen Rand die Punkte aus der Punktmenge $\mathbf{R}$ liegen. Beide Punktmengen werden als Listen verwaltet.

Gilt $|\mathbf{R}| = 0$, so kann immer ein Ergebnis gefunden werden, bei $|\mathbf{R}| = 1$ und $|\mathbf{R}| = 2$ ist die Kreiskonstruktion eingeschränkt, und bei $|\mathbf{R}| = 3$ ist das Ergebnis entweder der durch die Punkte aus $\mathbf{R}$ eindeutig festgelegte Kreis oder undefiniert.

Die Prozedur *Kreis*$(\mathbf{R}, K)$ berechnet hierbei den kleinsten Kreis aus einer Randpunktmenge R.

Algorithmus: Kreishülle einer Punktmenge, [Wel91]

```
Prozedur Kleinster_Kreis (P, R, K)
if (P = ∅) or (|R|=3) then Kreis (P,K);
else begin
      p := letztes Element aus P;
      Kleinster_Kreis (P − {p}, R, K);
      if (p ∉ K) then begin
         Kleinster_Kreis (P − {p}, R ∪ {p}, K);
         Setze p an den Anfang von P;
      end;
end;

Wähle Permutation von P;
Kleinster_Kreis(P, ∅, K);
```

Es handelt sich hierbei um einen probabilistischen Algorithmus, da zufällig Punkte aus P entnommen werden. Eine Laufzeit von $T_{max}(n) = O(n)$ bei n gegebenen Punkten und fester Dimension des Raumes kann bewiesen werden. Bei fester Punktanzahl ist sie in Abhängigkeit von der Dimension k des Raums durch $T_{max}(n) = O((k+1)(k+1)!)$ gegeben.

5.2.3 Konvexe Hülle

Zur Bestimmung der konvexen Hülle existieren eine Reihe von Algorithmen. Die in diesem Abschnitt vorgestellten Verfahren benutzen unterschiedliche Lösungsansätze. So wendet der zuerst vorgestellte Algorithmus eine typisch geometrische Modellierung an, während der zweite Algorithmus die Teilen & Herrschen-Technik benutzt.

5.2.3.1 Ansatz nach Graham & Anderson

Der Algorithmus nach Graham & Anderson sortiert in einem ersten Schritt die Punkte und erzeugt ein Polygon, das die Punktmenge einhüllt (siehe Abbildung 5.1(a)).

Dieses Polygon wird anschließend durch Abschneiden nichtkonvexer Ecken in ein konvexes Polygon überführt (siehe Abbildung 5.1(b)).

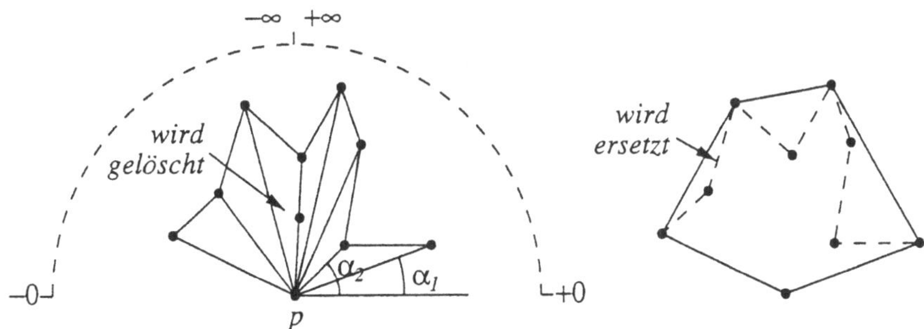

Abbildung 5.1: (a) Kantensortierung und Polygonbildung; (b) Abschneiden nichtkonvexer Ecken.

Definition: Konvexe Ecke

Zwei von drei aufeinanderfolgenden Punkten p, q, r innerhalb der Eckpunktfolge eines Polygons in Normaldarstellung aufgespannte Vektoren $\overrightarrow{q-p}$, $\overrightarrow{r-q}$ bilden eine konvexe Ecke, wenn $\overrightarrow{q-p} \times \overrightarrow{r-q} < 0$. In diesem Fall liegt r rechts des Vektors $\overrightarrow{q-p}$.

Nachfolgend sei:

$$\begin{array}{lll} clock(r) & := & \text{nächster Punkt im Uhrzeigersinn,} \\ cclock(r) & := & \text{nächster Punkt im Gegenuhrzeigersinn.} \end{array}$$

Der Algorithmus hat nun die folgende Form:

Algorithmus: Konvexe Hülle einer Punktmenge (Graham, 1972, Anderson, 1978)

(1) *Bestimme den Punkt $p \in A$ mit kleinster y-Koordinate, der zusätzlich die kleinste x-Koordinate hat.*

(2) *Sortiere die Punkte $q \in A$ nach fallendem Winkel $\alpha(q)$, wobei $\alpha(q)$ der Winkel zwischen der Strecke $\overline{pq}$ und der x-Achse ist.*

(3) *Entferne unter denjenigen Punkten mit demselben Winkel α diejenigen, zu denen es einen Punkt mit größerem Abstand zu p gibt. Durch Verbinden der übrigen Punkte entsprechend der Sortierreihenfolge entsteht ein Polygon.*

(4) *Algorithmus zur Bildung der konvexen Hülle:*

```
begin
   i := p; j := clock(i); k := clock(j);
   while j ≠ p do begin
      if k ist rechts von j - i  (Vektor j−i)
         then begin
            (* weitergehen, da konvexe Ecke *)
            i := j; j := k; k := clock(k);
         end;
      else
         begin
            entferne j aus dem Streckenzug;
            (* zurückgehen, da nicht konvex *)
            j := i; i := cclock(i);
         end;
   end;
end;
```

(5) *Der übrigbleibende Kantenzug ist die konvexe Hülle CH(A) in Normaldarstellung.*

Der damit verbundene Rechenzeitaufwand ist im einzelnen:

Vorverarbeitung	
(1) „kleinsten" Punkt bestimmen:	$O(n)$
(2) Sortierung nach Winkel:	$O(n \log n)$
(3) Polygonzug bilden:	$O(n)$
Arbeitsschleife	
(4) $CH(A)$ bestimmen:	$O(n-1+n-m) = O(n)$
(5) Kantenzug auslesen:	$O(n)$
Insgesamt:	$O(n \log n)$

Der vierte Schritt hat den Aufwand $O(n-1+n-m) = O(n)$ mit $m = |CH(A)|$. Der Term $n-1$ entsteht durch Schritte, in denen k verändert wird, außerdem werden $n-m$ Schritte benötigt, bei denen k unverändert bleibt. Da jeder Rückwärtsschritt eine Kante beseitigt, ergibt sich die Laufzeit von $O(n)$ für den fünften Schritt. Ein konkreter Algorithmus für die Hüllenbildung einfacher Polygone wird in Abschnitt 5.3 beschrieben

Satz:

Der Algorithmus von Graham & Anderson hat einen Zeitbedarf von $T_{max}(n) = O(n \log n)$ und einen Speicherbedarf von $S_{max}(n) = O(n)$ und ist damit optimal, da das Bestimmen der konvexen Hülle $T_{max}(n) = \Omega(n \log n)$ erfordert.

Beweis:

Mit dem Algorithmus kann sortiert werden (siehe Abbildung 5.2). Es seien die Zahlen $x_1, x_2, \cdots, x_n$ zu sortieren. In linearer Zeit können $x_{min} \leq x_i \leq x_{max}$ und die Punkte $p_i := (x_i, (x_{min} - x_i) \cdot (x_i - x_{max}))$ bestimmt werden.

Da auch das Berichten der x_i in sortierter Reihenfolge durch das Ablaufen des konvexen Polygons geschehen kann, ist das Sortierproblem linear auf die Bestimmung der konvexen Hülle transformierbar, und somit gilt $T_{max}(n) = \Omega(n \log n)$. □

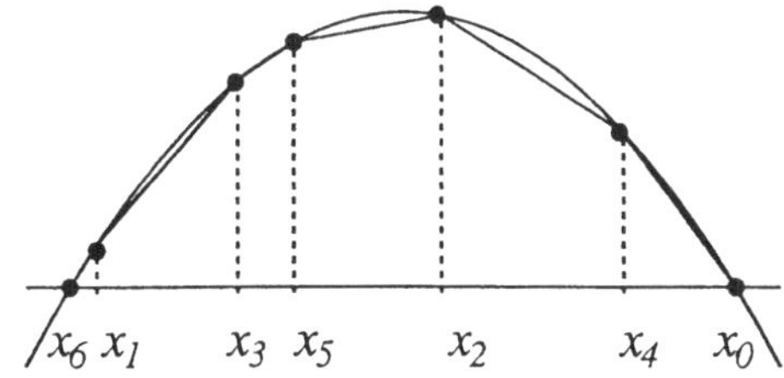

Abbildung 5.2: Sortieren über konvexe Hülle.

Obwohl der obige Algorithmus eine asymptotisch optimale Lösung des Problems bietet, hat er den Nachteil, nicht ohne weiteres auf höherdimensionale Räume verallgemeinert werden zu können.

5.2.3.2 Ansatz mit Teilen & Herrschen

Das zweite, hier vorgestellte Verfahren bietet eben diese Möglichkeit. Später wird es außerdem bei der Bestimmung von Voronoi-Diagrammen eingesetzt werden. Hier werden die Punkte in zwei Teilmengen aufgeteilt, die getrennt bearbeitet und deren konvexe Hüllen anschließend vereinigt werden.

Algorithmus: Konvexe Hülle einer Punktmenge (Shamos et al. 1975/77)

(1) Sortiere p_i $(i = 1, \ldots, n)$ nach aufsteigender x-Koordinate.
(2) Entferne überflüssige Punkte, d.h. gibt es Punkte, mit gleicher x-Koordinate, dann müssen nur der bzgl. y größte und kleinste Punkt betrachtet werden. Es bleiben noch n' Punkte übrig.
(3) (Halbierungsschritt: *)*

```
if n' > 3 then begin
    L := {p_1, ..., p_⌊n'/2⌋};
    R := {p_⌊n'/2⌋+1, ..., p_n'};
    Bestimme CH(L), CH(R) rekursiv;
end;
else Berechne CH direkt;
```

(4) (Vereinigungsschritt: CH(CH(L)∪CH(R)) *)*

```
Bestimme obere Tangente von CH(L),CH(R) wie folgt:
    Bestimme den am weitesten rechts liegenden Punkt p_r von CH(L);
    Bestimme den am weitesten links liegenden Punkt q_l von CH(R);
    i := r; j := l; fertig := false;
    while not fertig do begin
        if (p_{i-1} p_i q_j) nicht konvexe Ecke
            then i := i - 1;
            else if (p_i q_j q_{j+1}) nicht konvexe Ecke
                then j := j + 1;
                else fertig := true;
    end;
Bestimme untere Tangente von CH(L),CH(R) (analog zu oben);
Verkette Teilkantenzüge zu CH(L∪R);
```

Vorverarbeitung	
(1) Sortierung nach x-Koordinate:	$O(n \log n)$
(2) Punkte entfernen:	$O(n)$
Arbeitsschleife	
(3) Halbierungsschritt:	$O(n')$
(4) Vereinigungsschritt:	$O(n')$
Insgesamt:	$O(n' \log n')$ bzw. $O(n \log n)$

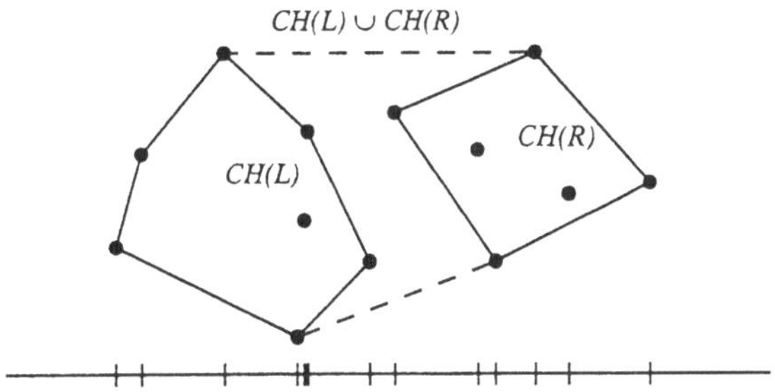

Abbildung 5.3: Konvexe Hülle mit Teilen & Herrschen.

Die Schritte (3) und (4) sind in jeweils $T_{max}(n') = O(n')$ ausführbar. Daher gilt die Rekurrenzrelation:

$$T_{max}(n') = 2 \cdot T_{max}(\frac{n'}{2}) + c \cdot n' \qquad \Rightarrow T_{max}(n') = O(n' \log n')$$

5.2.4 Erweiterung

Ist die konvexe Hülle einer Punktmenge im $\mathbb{R}^2$ ein Polygon, so entsteht bei der Hüllenbildung im $\mathbb{R}^3$ ein Polyeder. Bei der Erweiterung des obigen Teilen & Herrschen-Algorithmus auf den $\mathbb{R}^3$ ist das Hauptproblem die Vereinigung der durch den Halbierungsschritt entstandenen Polyeder. Hierzu werden die beiden einzelnen Polyeder über eine Triangulation verkettet. Die darin enthaltenen Dreiecke werden von jeweils einer Kante des einen Polyeders und einem Punkt des anderen aufgespannt.

Algorithmus: Konvexe Hülle im $I\!R^3$

(1) *(* Voraussetzung: *)*
Für je zwei Punkte p_i und p_j gilt:
$x(p_i) \neq x(p_j)$, $y(p_i) \neq y(p_j)$ *und* $z(p_i) \neq z(p_j)$.

(2) *Sortiere die Punkte nach aufsteigender z-Koordinate,*
d.h. $z(p_i) < z(p_j)$ für $i < j$.

(3) *(* Halbierungsschritt: *)*
if $n > 3$ then begin
$U := \{p_1, \ldots, p_{\lfloor \frac{n}{2} \rfloor}\}$;
$O := \{p_{\lfloor \frac{n}{2} \rfloor +1}, \ldots, p_n\}$;
Bestimme CH(U), CH(O) rekursiv;
end;
else Berechne CH direkt;

(4) *(* Vereinigungsschritt: CH(CH(U)∪CH(O)) *)*
Konstruiere eine „zylindrische" Triangulation, die CH(U) und CH(O)
wie folgt verbindet:
Projiziere CH(U) und CH(O) in die (x, z)-Ebene;
Konstruiere in der Projektion eine Tangente wie im 2D-Fall:
Lege Hilfsebene durch die Verbindungsgerade $\overline{u_0 o_0}$ parallel zur
(z, y)-Ebene, d.h. durch das durch die Punkte $u_0, o_0, o_0`, u_0`$
aufgespannte Viereck, drehe sie (mit $\overline{u_0 o_0}$ als Drehachse) bis zur
ersten Ecke auf dem unteren oder oberen Polygon (z.B. o_1)
und bilde das Anfangsdreick $(u_0 o_0 o_1)$;
while Triangulation nicht beendet do begin
Suche, ausgehend von der letzten gefundenen Ecke u_i,
eine noch nicht abgearbeitete angrenzende Ecke u_{i+1} so,
daß ein neues Dreieck durch diese, angrenzend
an das letzte Dreieck, mit größtem Winkel
zu diesem entsteht;
Suche analog eine Ecke o_{j+1};
Wähle das Dreieck mit dem größeren konvexen Winkel;
end;
Entferne alle Bereiche aus CH(U) und CH(O), die von der Triangulation
„verdeckt" werden;

Das Vorgehen wird in Abbildung 5.4 verdeutlicht. Die Rekurrenzrelation bleibt wie im $I\!R^2$ bestehen. Hierbei muß allerdings beachtet werden, daß für die Suche nach dem nächsten Punkt zur Bildung eines Dreiecks ein „guter" Auswahlmechanismus verwendet werden muß, damit auch im $\mathbb{R}^3$ die konvexe Hülle von n Punkten mit Zeitaufwand $T_{max}(n) = O(n \log n)$ berechnet werden kann. Anderenfalls steigt der Aufwand auf $T_{max}(n) = O(n^2)$.

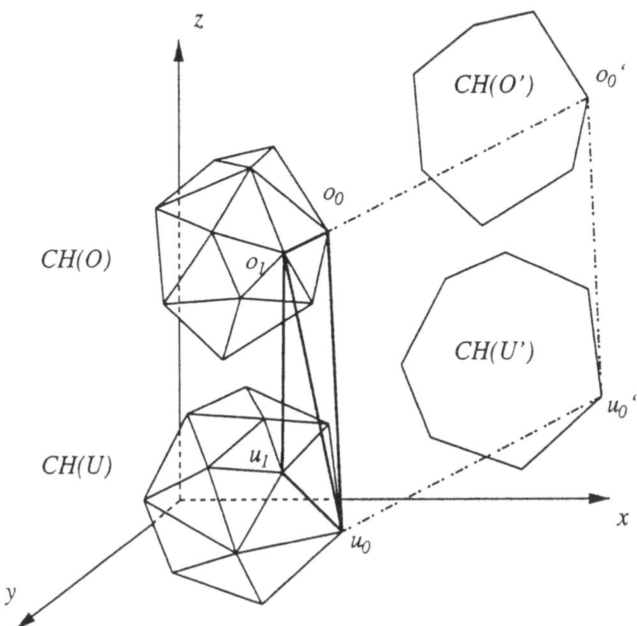

Abbildung 5.4: Konvexe Hülle im $\mathbb{R}^3$.

5.3 Konvexe Hülle eines einfachen Polygons

Bisher wurden Hüllenalgorithmen auf der Basis von Punktmengen betrachtet. Sei nun ein Polygon P als Folge aufeinanderfolgender Eckpunkte $(p_1, ..., p_n)$ in Normaldarstellung gegeben.

Zur Bestimmung der konvexen Hülle eines einfachen Polygons ist der im Abschnitt 5.2.3 zur Bestimmung der konvexen Hülle von Punktmengen verwendete Algorithmus von Graham & Anderson nicht tauglich, weil das dort vorkommende Polygon ein Sternpolygon ist. Diese Voraussetzung gilt hier nicht.

Als Vorverarbeitungsschritt werden das Minimum und das Maximum bzgl. der x-Koordinate bestimmt (dies seien o.B.d.A. die Punkte p_1 und p_m). Nun läßt sich das Polygon in zwei Ketten $\{p_1, ..., p_m\}$ (*obere Kette*) und $\{p_{m+1}, \cdots, p_n\}$ (*untere Kette*) zerlegen.

Die Punkte p_1 und p_m sind in $CH(P)$ enthalten. Die gesamte Hülle kann nun über getrennte Bestimmung der konvexen Hülle der oberen und der unteren Kette bestimmt werden. Der Algorithmus von Lee [PS90] aus dem Jahr 1983 berechnet die konvexe Hülle der oberen Kette, für die untere kann analog verfahren werden.

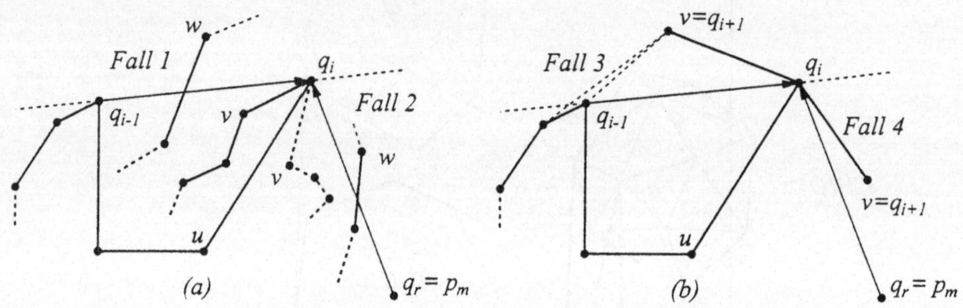

Abbildung 5.5: Vier Fälle bei der Schließung von Taschen.

Betrachtet man die obere Kette, so kann man bei der Bildung der konvexen Hülle davon sprechen, daß hierfür Taschen, d.h. nichtkonvexe Bereiche, geschlossen werden müssen (siehe Abbildung 5.5). Beim Schließen dieser Bereiche werden aus der Punktfolge des Polygons einzelne Punkte ausgewählt und miteinander verbunden. Diese Punkte werden auf einem Stack, dem sog. Ergebnisstack Q, gespeichert.

Nachfolgend sei q_i das oberste Element des Ergebnisstacks, u sein Vorgänger und v der Nachfolger. Seien weiter q_0 ein Hilfspunkt mit $x(q_0) = x(p_1) = x(q_1)$ und $y(q_0) < y(p_1) = y(q_1)$ sowie $q_r = p_m$ der letzte Punkt der oberen Kette.

Um für Punkt v zu entscheiden, ob er auf der Hülle liegt, wird seine Lage in bezug auf q_i betrachtet. Vier Fälle sind hierbei zu unterscheiden:

1. v liegt in der Tasche, die durch q_{i-1} und q_i abgeschlossen wird (siehe Abbildung 5.5(a), Fall 1).

   Dann werden die Nachfolgepunkte betrachtet, solange bis ein Punkt w gefunden ist, der außerhalb der Tasche liegt[1]. Mit w wird weiter nach Fall 3 verfahren.

2. v liegt rechts von $\overrightarrow{uq_i}$ und links von $\overrightarrow{p_mq_i}$ (siehe Abbildung 5.5(a), Fall 2). Hier werden ebenfalls die Nachbarpunkte verfolgt, bis ein Punkt w gefun-

[1] Da es sich um ein einfaches Polygon handelt, muß das Polygon irgendwann die Strecke $\overline{q_{i-1}q_i}$ schneiden.

den ist, der rechts von $\overrightarrow{p_m q_i}$ liegt oder selber p_m ist. Im letzteren Fall ist man fertig, ansonsten wird mit der Behandlung nach Fall 4 fortgefahren.

3. v liegt links von $\overrightarrow{q_{i-1} q_i}$, also außerhalb der bislang gebildeten konvexen Hülle (siehe Abbildung 5.5(b), Fall 3). Dann wird vom Ergebnisstack solange das oberste Element getestet und entfernt, bis der Winkel konvex ($\angle q_{k-1}, q_k, v < 180^o$) wird. Nun wird v auf den Stack gelegt.

4. v liegt rechts von $\overrightarrow{p_m q_i}$ (siehe Abbildung 5.5(b), Fall 4).
Dann ist er Kandidat dafür, ein Teil der konvexen Hülle zu sein und wird auf den Ergebnisstack gelegt.

Algorithmus: Konvexe Hülle eines einfachen Polygons (Lee), [PS90]

```
begin
    P := (p1, ..., pm); (* Liste *)
    Q :=PUSH(q0, q1); (* Stack *)
    while P ≠ ∅ do begin
      v :=FIRST(P);
      if (q_{i-1} q_i v) ist konvexe Ecke then
        if (u q_i v) ist konvexe Ecke then
          if (p_m q_i v) ist konvexe Ecke        (* Fall 4 *)
          then Q :=PUSH(v);
          else                                   (* Fall 2 *)
            while FIRST(P) liegt links oder auf (p_m q_i) do POP(P);
        else                                     (* Fall 1 *)
          while FIRST(P) liegt rechts oder auf (q_{i-1} q_i) do POP(P);
      else begin                                 (* Fall 3 *)
        while (q_{i-1} q_i v) ist nicht konvexe Ecke do POP(Q);
        Q :=PUSH(v);
      end;
    end; (* while *)
end;
```

Jeder Eckpunkt wird genau einmal besucht, bevor er zur konvexen Hülle hinzugefügt oder verworfen wird. Diese Entscheidung fällt in konstanter Zeit für jeden Punkt. Bei der Aufwandsanalyse ist also einzig die *while*-Schleife für Fall 3 interessant. Hier gilt allerdings, da jeder Punkt nur einmal in Q eingefügt wird und somit auch nur einmal mit konstantem Aufwand gelöscht wird, $T_{max}(m) = O(m)$.

Die konvexe Hülle der oberen Kette läßt sich also insgesamt in $T_{max}(m) = O(m)$ bestimmen. Analoges gilt für die untere Kette, und somit kann resumiert werden:

Satz:

Die konvexe Hülle eines einfachen Polygons in Normaldarstellung kann in $T_{max}(n) = O(n)$ bestimmt werden mit Speicherbedarf von $S_{max}(n) = O(n)$.

5.4 Durchmesser

Eng verbunden mit der Hüllenbestimmung ist die Berechnung von Durchmessern. So ist der Durchmesser einer Punktmenge gleich dem Durchmesser seiner konvexen Hülle. Wie wir noch zeigen werden, ist es auch algorithmisch legitim, die Durchmesserfrage auf die konvexe Hülle abzubilden.

5.4.1 Durchmesser konvexer Polygone

Gegeben sei ein konvexes Polygon mit n Eckpunkten in Normaldarstellung. Dann ist die Bestimmung des Durchmessers äquivalent zur Suche nach dem Eckpunktepaar größter Entfernung.

Der Durchmesser eines konvexen Polygons ist dann auch der größte Abstand zwischen parallelen Hilfslinien, die das Polygon an gegenüberliegenden Seiten tangieren.

Die Punktepaare, durch die solche Hilfslinien gelegt werden können, kommen als Kandidaten für den Durchmesser in Frage (siehe Abbildung 5.6(a)).

Algorithmus: Durchmesser eines konvexen Polygons (Shamos)

(1) *Verschiebe die Kantenvektoren des Polygons in den Ursprung.*
Ergebnis: zykl. Anordnung der Vektoren um den Ursprung im Uhrzeigersinn.

(2) *Bestimme alle Paare von Sektoren, die von einer Geraden durch den Ursprung geschnitten werden.*
Jeder Sektor entspricht einem Eckpunkt des Polygons.
Die so ermittelten Sektorpaare entsprechen also gerade den oben erwähnten Punktepaaren.

(3) *Ermittle das Sektorpaar, für das der Abstand der entsprechenden Punkte am größten ist. Gebe dieses Punktepaar als Ergebnis aus.*

Vorverarbeitung	
Keine	
Arbeitsschleife	
(1) Kanten verschieben:	$O(n)$
(2) Sektorpaare bestimmen:	$O(n)$
(3) max. Paar bestimmen:	$O(n)$
Insgesamt:	$O(n)$

Der Algorithmus ist optimal, denn würden nicht alle n Punkte betrachtet werden, so könnte einer der nicht betrachteten Punkte verschoben werden, was aber nicht in die Durchmesserbestimmung einginge.

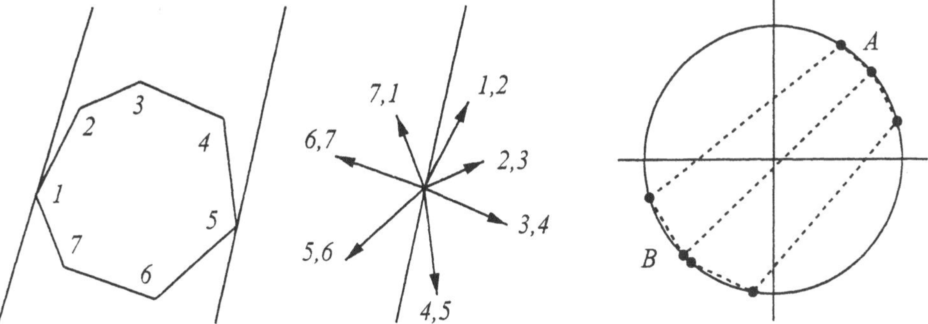

Abbildung 5.6: (a) Sektorenpaarbestimmung; (b) Abbildung auf Kreis.

5.4.2 Durchmesser von Punktmengen

Wie die schon erwähnte Anwendung von Hüllenoperationen in der Statistik, spielt auch die Berechnung des Durchmessers dort eine wichtige Rolle. Er ist ein Maß für die „Schärfe" von Meßwertmengen.

Im letzten Abschnitt wurde bereits die Äquivalenz zwischen dem Durchmesser der Punktmenge und dem ihrer konvexen Hülle angesprochen. Ein einfaches Verfahren lautet demnach:

Algorithmus: Durchmesser einer Punktmenge

(1) Bestimme die konvexe Hülle der gegebenen Punkte.

(2) Bestimme den Durchmesser der konvexen Hülle (konvexes Polygon).

Vorverarbeitung	
Keine	
Arbeitsschleife	
(1) Konvexe Hülle:	$O(n \log n)$
(2) Durchmesser:	$O(n)$
Insgesamt:	$O(n \log n)$

Um aber die im Sinne der Algorithmenkomplexität verlustfreie Abbildung auf die konvexe Hülle beweisen zu können, benötigen wir noch eine untere Schranke für die Bestimmung des Durchmessers von Punktmengen, die nicht unter $T_{max}(n) = O(n \log n)$ liegen darf. Würde sie es, so würde durch die Hüllenbildung bereits ein höherer Aufwand erzeugt.

Satz:

Die Bestimmung des Durchmessers einer Punktmenge im $\mathbb{R}^k$, $k \geq 2$ benötigt $T_{max}(n) = \Omega(n \log n)$ Zeitschritte.

Beweis:

Dazu wird das Problem der Feststellung, ob zwei Mengen gemeinsame Punkte haben, auf die Durchmesserberechnung transformiert. Für obige Feststellung ist eine untere Schranke von $T_{max}(n) = O(n \log n)$ bewiesen (siehe [PS90, BO83]).

Seien $A = \{a_0, a_1, ..., a_n\}$ und $B = \{b_0, b_1, ..., b_n\}$ $(A, B \subset \mathbb{R})$ die zu testenden Mengen. Die Werte von A werden auf den ersten Quadranten des Einheitskreises transformiert. Dazu wird der Schnitt der Geraden $y = a_i\, x$ mit dem Einheitskreis gebildet. Die Elemente von B werden analog auf den dritten Quadranten projiziert (siehe Abbildung 5.6(b)).

$A \cap B \neq \emptyset$ gilt genau dann, wenn der Durchmesser der so gebildeten Punktmenge den Wert 2 hat. □

Damit wird also für die Durchmesserbestimmung von Punktmengen immer ein Zeitaufwand von $T_{max}(n) = O(n \log n)$ benötigt. Denn für die Berechnung der konvexen Hülle besteht, wie schon gezeigt, eine solche untere Schranke, und ihr Durchmesser ist dann in $T_{max}(n) = O(n)$ ermittelbar.

6 Distanzbestimmung

Um das bisher noch nicht angesprochene Problem der Abstandsbestimmung von Objekten anzugehen, definieren wir uns in einem ersten Schritt diesen Abstand. Im Anschluß daran werden Voronoi-Diagramme behandelt. Sie sind wichtige Hilfsmittel bei Aufgaben wie etwa der Berechnung des nächsten Nachbarpunktes in einer Punktmenge. Weitere Nachbarschaftsprobleme bilden den Abschluß des Kapitels.

6.1 Metriken

Metriken sind Funktionen, mit denen Abstände innerhalb gegebener Räume bestimmt werden können. Räume, auf denen eine Metrik existiert, heißen metrische Räume.

Definition: Metrischer Raum

Eine Menge M mit einer Funktion $d : M \times M \rightarrow I\!R$ heißt metrischer Raum, wenn für d (die Metrik oder Abstandsfunktion) gilt:

$$\begin{array}{rl} \text{Positivität:} & \forall p, q \in M : d(p,q) \geq 0,\ d(p,q) = 0 \Leftrightarrow p = q \\ \text{Symmetrie:} & \forall p, q \in M : d(p,q) = d(q,p) \\ \text{Dreiecksungleichung:} & \forall p, q, r \in M : d(p,q) + d(q,r) \geq d(p,r) \end{array}$$

Klassische Metriken

Die bekanntesten und gebräuchlichsten Metriken sind die L_p-Metriken. Sie sind für den $I\!R^k$ definiert durch:

$$d_p(r,s) = \begin{cases} \left(\sum_{i=1}^{k} |r_i - s_i|^p \right)^{\frac{1}{p}}, & p \in [1, \infty) \\ \max\limits_{i=1..k} |r_i - s_i|, & p = \infty \end{cases} \tag{6.1}$$

Die L_1-Metrik berechnet den Abstand, indem sie die koordinatenweisen Abstände aufaddiert. Sie wird Rechtecksmetrik oder Manhattan-Norm genannt.

Die L_2-Metrik ist das gewöhnliche Euklidische Abstandsmaß, während L_∞ als Maximumsnorm bezeichnet wird. Nachfolgend wird die Euklidische Metrik verwendet, wenn Abstände berechnet werden sollen.

6.2 Voronoi-Diagramme

Voronoi-Diagramme sind, wie schon angedeutet, ein Hilfsmittel bei der Lösung von Distanzproblemen. Sie teilen für eine gegebene Punktmenge A den Raum in „Gebiete gleicher nächster Nachbarn" ein [OW93], d.h. alle Punkte in einem solchen Gebiet (auch Voronoi-Gebiet genannt) haben denselben Punkt aus A als nächsten Nachbarn. Besteht A nur aus zwei Punkten, so erfolgt diese Teilung durch die Mittelsenkrechte auf der Verbindungsgeraden dieser Punkte.

Definition: Voronoi-Gebiet

Sei A eine Menge von Punkten in $\mathbb{R}^d$, $B \subseteq A$. Die Menge $G(B, A)$ aller Punkte in $\mathbb{R}^d$, die jedem Punkt in B näher liegen als einem Punkt in $A - B$, heißt Voronoi-Gebiet von B.

Sei $|B| = k$, dann handelt es sich um ein Voronoi-Gebiet der Ordnung k.

Es gilt:

$$G(B, A) = \bigcap_{p \in B,\ q \in A-B} h(p, q),$$

wobei $h(p, q)$ ein Halbraum ist, der p enthält und dessen begrenzende Hyperebene die Menge aller Punkte in $\mathbb{R}^d$ ist, die von p und q denselben Abstand haben.

Ein Voronoi-Gebiet zweiter Ordnung kann aus Gebieten erster Ordnung konstruiert werden (siehe Abbildung 6.1):

$$G(\{p_1, p_2\}, A) = G(p_1, A - \{p_2\}) \cap G(p_2, A - \{p_1\}).$$

In der Abbildung liegen alle Punkte in der doppeltschraffierten Fläche näher zu p_1 und p_2 als zu irgendeinem anderen Punkt aus A.

Im $\mathbb{R}^2$ sind die nichtleeren Voronoi-Gebiete beschränkte oder unbeschränkte Polygone (d.h. mit Asymptoten). Die zu den unbeschränkten Polygonen gehörenden

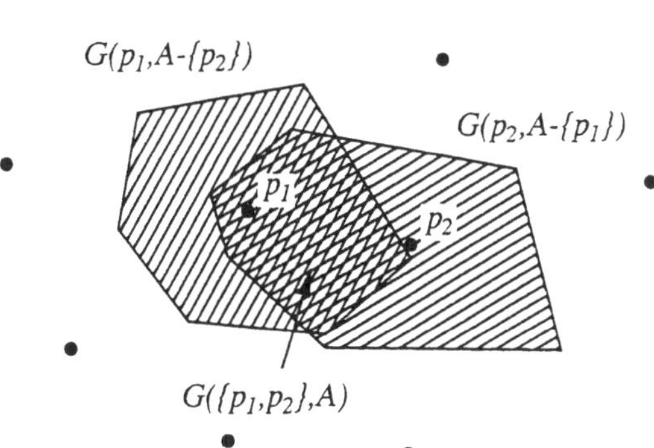

Abbildung 6.1: Konstruktion eines Voronoi-Gebiets zweiter Ordnung.

Punkte liegen gerade auf der konvexen Hülle der Punktmenge. Die Eckpunkte der Polygone heißen Voronoi-Punkte. Voronoi-Gebiete sind bei L_2-Norm konvex.

Bei Voronoi-Gebieten der Ordnung $k > 1$, mit $p_i \neq p_j$ für alle $i \neq j$, kann ein Gebiet leer sein, also $G(\{p_i, p_j\}, A) = \emptyset$. Die Gesamtmenge der Voronoi-Gebiete wird als Voronoi-Diagramm bezeichnet.

Definition: Voronoi-Diagramm

Sei A eine Menge von Punkten in $\mathbb{R}^d$, $1 \leq k \leq |A| - 1$.
Dann heißt

$$V_k(A) := \{G(B, A) : B \subseteq A, |B| = k\}$$

das Voronoi-Diagramm (VD) der Ordnung k zu A.

Nach Aufstellung eines Voronoi-Diagrammes liegt jeder Punkt der Ebene in einem Voronoi-Gebiet, d.h. die Ebene ist vollständig partitioniert. Zu jedem Punkt können k nächste Nachbarn gefunden werden, also liegt jeder Punkt in einem Gebiet. Allerdings müssen bei Ordnung $k > 1$ die Punkte nicht mehr in den zu ihnen gehörenden Voronoi-Gebieten liegen.

In Abbildung 6.2 sind verschiedene Voronoi-Diagramme dargestellt. Teilbild (a) zeigt ein Diagramm erster Ordnung mit L_2-Norm, in (b) wird die L_1 bzw. Manhattan-Norm verwendet, in Teilbild (c) die Maximumsnorm. In (d) ist ein Voronoi-Gebiet zweiter Ordnung unter Verwendung der L_2-Metrik abgebildet.

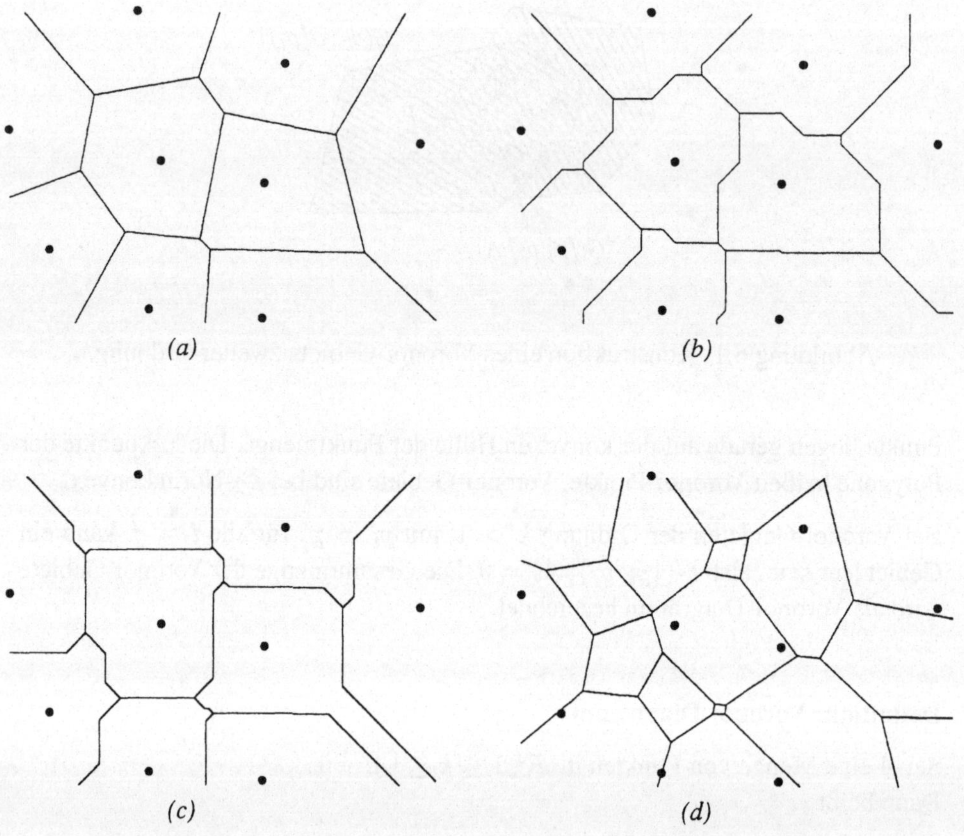

Abbildung 6.2: Voronoi-Diagramme erster und zweiter Ordnung.

Satz:

Das Voronoi-Diagramm der Ordnung 1 von n Punkten in der Ebene $\mathbb{R}^2$ mit Euklidischer Metrik kann in $T_{max}(n) = O(n \log n)$ konstruiert werden (algorithmische Basis: RAM über $\mathbb{R}, +, -, \cdot, /, \leq$).

Dies kann durch Angabe des nachfolgenden Algorithmus bewiesen werden.

Gegeben:

n Punkte $p_1, \ldots, p_n$ als Folge von Koordinatenpaaren.

Gesucht:

Das Voronoi-Diagramm der Punkte.

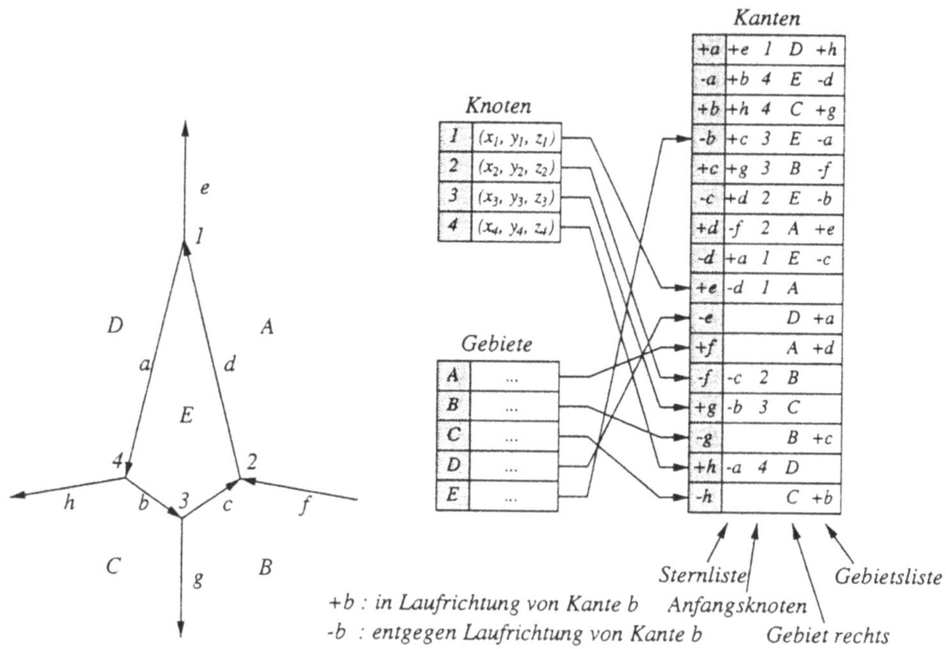

Abbildung 6.3: Datenstruktur eines Voronoi-Diagramms.

Hierbei kann die Darstellung der Daten beispielsweise die Gestalt von Abbildung 6.3 annehmen, wobei die Sternliste die jeweils nächste Kante des Voronoi-Knotens im Uhrzeigersinn, die Gebietsliste die jeweils nächste das Gebiet begrenzende Kante, enthält.

Mit einem naiven Algorithmus wird jedes Voronoi-Gebiet einzeln ausgerechnet und in einem weiteren Schritt das Voronoi-Diagramm als Summe der Einzelgebiete bestimmt. Der Aufwand beläuft sich dann auf $T_{max}(n) = O(n \cdot n^2) = O(n^3)$. Mit der Teilen & Herrschen-Technik läßt er sich auf $T_{max}(n) = O(n^2 \log n)$ drücken.

Das gleiche Ergebnis erhält man, wenn man zu jedem Punkt das zugehörige Voronoi-Gebiet mit dem (optimalen) Halbebenen-Schnittalgorithmus bestimmt. Das einzelne Gebiet wird in $T_{max}(n) = O(n \log n)$ bestimmt, alle Gebiete zusammen also in $T_{max}(n) = O(n^2 \log n)$. Dies ist wesentlich schlechter als der untenstehende maßgeschneiderte Algorithmus, der problemspezifisch optimiert vorgeht.

Algorithmus: Voronoi-Diagramm mit „Teilen & Herrschen“ (Shamos, 1975)

Prozedur Voronoi(Punktmenge A)
begin
(1) *Sortiere die gegebenen Punkte nach aufsteigender x-Koordinate.*
 Ergebnis: $p_1, p_2, \ldots, p_n$.
(2) *if* $n \leq 3$
 then begin
 Bestimme $V(A)$;
 Bestimme $CH(A)$;
 end;
 else
 begin
(3) *(* Halbierungsschritt: *)*
 $A_L := \{p_1, \ldots, p_{\lfloor \frac{n}{2} \rfloor}\}$;
 $A_R := \{p_{\lfloor \frac{n}{2} \rfloor + 1}, \ldots, p_n\}$;
 Voronoi(A_L);
 Voronoi(A_R);
(4) *(* Vereinigungsschritt *)*
 Vereinige $V(A_L)$, $V(A_R)$ *bzw.* $CH(A_L)$, $CH(A_R)$;
 end;
 return $V(A)$ *und* $CH(A)$;
end;

Der Gesamtaufwand des Algorithmus wird maßgeblich durch den Aufwand zur Vereinigung der Teildiagramme in Schritt (4) bestimmt. Ist dieser Schritt in linearer Zeit möglich, so erreicht die Gesamtkomplexität die geforderte Grenze von $T_{max}(n) = O(n \log n)$, da der erste Schritt (Sortierung) diese Komplexität hat und Schritt (3) mit $O(n)$ abzuschätzen ist.

Betrachten wir dazu den zwischen $V(A_L)$ und $V(A_R)$ liegenden Kantenzug näher. Es lassen sich folgende Aussagen machen:

1. Es gibt einen Kantenzug P, so daß alle Punkte aus $\mathbb{R}^2$ links von P näher an Punkten aus A_L als an Punkten aus A_R liegen und alle rechts von P näher an solchen aus A_R liegen.
2. Die Kanten von P sind Kanten von Voronoi-Gebieten in $V(A_L \cup A_R)$. Sie trennen Voronoi-Polygone zu Punkten in A_L und A_R.
3. Der Kantenzug P ist monoton in y-Richtung.

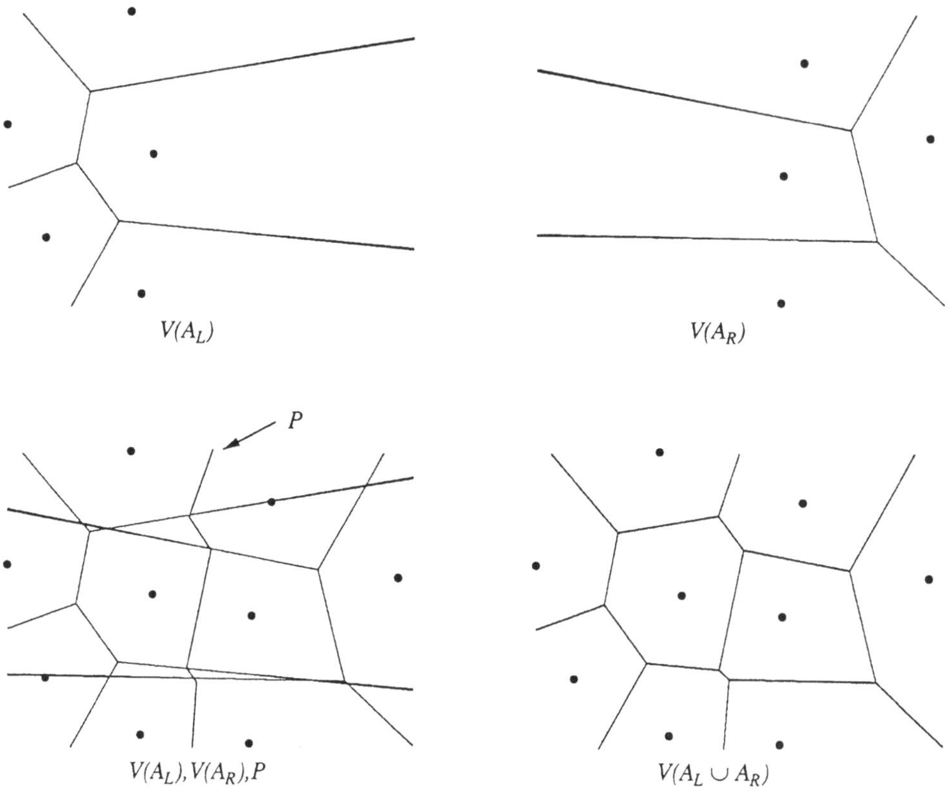

$V(A_L)$
$V(A_R)$
P
$V(A_L), V(A_R), P$
$V(A_L \cup A_R)$

Abbildung 6.4: Rekursive Konstruktion eines Voronoi-Diagrammes.

$CH(A_L)$
$CH(A_R)$
P
(a)
(b)

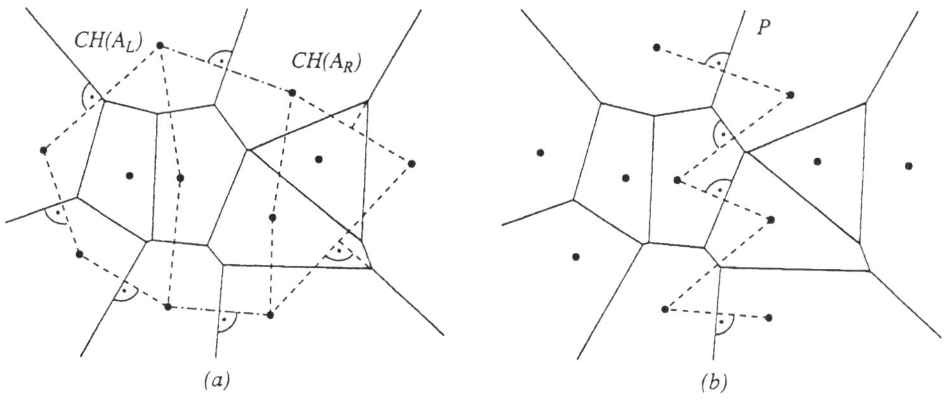

Abbildung 6.5: Konstruktion des separierenden Kantenzugs.

4. Teile von Voronoi-Kanten aus $V(A_L)$ bzw. $V(A_R)$ fehlen rechts bzw. links von P in $V(A_L \cup A_R)$. Es gilt aber:

$$\begin{aligned} V(A) \cap left(P) &= V(A_L) \cap left(P), \\ V(A) \cap right(P) &= V(A_R) \cap right(P). \end{aligned}$$

5. Unbeschränkte Kanten eines Voronoi-Diagrammes sind in den Mittelsenkrechten der Kanten der konvexen Hülle enthalten.

   Die unbeschränkten Kanten von P sind in der Mittelsenkrechten der Tangenten von $CH(A_L)$ und $CH(A_R)$ enthalten.

6. Jede Kante von P ist Voronoi-Kante zum nächsten Punkt $i \in A_L$ und $j \in A_R$.

Die Berechnung von P geschieht durch Entlanglaufen an den Kantenzügen der Mengen $CH(A_L)$ und $CH(A_R)$, die zwischen den jeweiligen Ansatzpunkten der Tangenten von $CH(A_L)$ und $CH(A_R)$ liegen. Alternierend wird jeweils ein Eckpunkt von $CH(A_L)$ und von $CH(A_R)$ genommen, die Voronoi-Kante bestimmt und mit derjenigen des vorangehenden Punktepaares geschnitten (siehe Abbildung 6.5).

Algorithmus: Separierender Kantenzug (Shamos, 1975)

(1) *Bestimme die "untere" und "obere" Tangente* $[p_L^-, p_R^-]$, $[p_L^+, p_R^+]$ *nach dem entsprechenden Algorithmus für 'konvexe Hüllen'.*

(2) *e := e** *Mittelsenkrechte von* $[p_L^+, p_R^+]$,
   $v := v^*$ *ein bel. Punkt mit großer* y*-Koordinate auf e'*
   e_L := *unbegrenzte Kante aus Voronoigebiet* $V(p_L^+)$,
   e_R := *unbegrenzte Kante aus Voronoigebiet* $V(p_R^+)$.

(3) *Repeat*
   while (e $\cap\, e_L = \emptyset$*) do*
      e_L := *nächste Kante von* $V(p_L^+)$ *im Uhrzeigersinn;*
   while (e $\cap\, e_R = \emptyset$*) do*
      e_R := *nächste Kante von* $V(p_L^+)$ *im Gegenuhrzeigersinn;*
   if (Schnittpunkt e $\cap\, e_L$ *näher an* v *als Schnittpunkt e* $\cap\, e_R$*)*
      begin
         $v := e \cap e_L$;
         p_L := *Punkt aus* $V(A_L)$ *auf der anderen Seite von* e_L;
         e := Mittelsenkrechte von p_L *und* p_R;

```
        e_L := reverse Kante zu e_L (gehört zum neuen Punkt p_L);
      end;
  else
      begin
        v := e ∩ e_R;
        p_R := Punkt aus V(A_R) auf der anderen Seite von e_R;
        e := Mittelsenkrechte von p_L und p_R;
        e_R := reverse Kante zu e_R;
      end;
  until ( p_L p_R = p_L^- p_R^- );
```

Zusammenfassend sind die Ergebnisse des Algorithmus:

Vorverarbeitung	
(1) Sortierung nach x-Koordinate:	$O(n \log n)$
(2) $V(A)$ und $CH(A)$ für $n \leq 3$:	$O(1)$
Arbeitsschleife	
(3) Halbierungsschritt:	$O(n)$
(4) Vereinigungsschritt	
(mit „Separierendem Kantenzug“):	$O(n \log n)$
Insgesamt:	$O(n \log n)$

Satz:

Die Bestimmung des Voronoi-Diagrammes der Ordnung 1 von n Punkten in der Ebene $\mathbb{R}^2$ mit Euklidischer Metrik ist mit $T_{max}(n) = O(n \log n)$ möglich, und das ist optimal (algorithmische Basis: RAM über $\mathbb{R}$, $+, -, \cdot, /, \leq$).

Das gleiche gilt für die eingeschränkte Aufgabenstellung, bei der nur für einen Punkt das Voronoi-Gebiet bestimmt werden soll.

Beweis:

Das Sortierproblem ist in linearer Zeit auf die Aufstellung eines Voronoi-Diagrammes transformierbar: Dazu werden nach üblicher Technik die zu sortierenden Werte $x_1, x_2, ..., x_n$ in Punkte $(x_1, 0), (x_2, 0), ..., (x_n, 0)$ und anschließend auf einen Einheits-Halbkreis transformiert ($O(n)$) (siehe Abbildung 6.6). Zu dieser Punktmenge im $\mathbb{R}^2$ wird der Punkt $(0, 0)$ dazugenommen und das Voronoi-Diagramm konstruiert. Die Kantenfolge des Voronoi-Polygons A zum Punkt $(0, 0)$

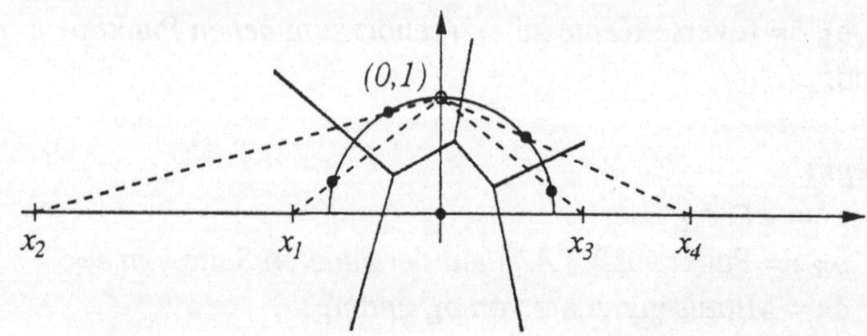

Abbildung 6.6: Sortieren mit Voronoi-Diagrammen.

impliziert die Sortierreihenfolge. Dazu wird in der bereits eingeführten Datenstruktur die Kantenliste von A durchlaufen.

Man beginnt mit dem Voronoi-Gebiet, das von der y-Achse geschnitten wird und geht die Nachbargebiete im Gegenuhrzeigersinn ab, bis das Gebiet erreicht wird, das die x-Achse schneidet. Analog beginnt man mit dem am weitesten rechts liegenden Gebiet und geht im Gegenuhrzeigersinn.

Da es auch genügen würde, nur das Vornoi-Gebiet für den Punkt $(0,0)$ zu bestimmen, gelten alle Aussagen auch für den Fall, daß nur ein Voronoi-Gebiet berechnet werden soll. □

Abschließend sei angemerkt, daß die Anzahl der Eckpunkte des Voronoi-Diagrammes zu n gegebenen Punkten im $\mathbb{R}^2$ $O(n)$ beträgt, während sie im $\mathbb{R}^3$ mit $O(n^{\frac{3}{2}})$ abgeschätzt werden muß.

Unter den graphisch-geometrischen Problemen, die mit Voronoi-Diagrammen zu lösen sind, werden das Finden eines Punktepaares mit minimaler Distanz unter allen Punktepaaren einer Menge und das Finden eines minimalen spannenden Baumes im folgenden behandelt.

6.3 Nächster Nachbar

Kommen wir zurück zum Ausgangsproblem, der Auffindung des nächsten Nachbarn in einer Punktmenge. Soll beispielsweise innerhalb eines statistischen Klassifikationsprozesses festgestellt werden, zu welcher Klasse ein neu hinzukommender Meßwert gehört, so verwendet man häufig das Kriterium des nächsten Nachbarn.

Ähnlich werden auch Benutzereingaben in Informationssystemen oder unsichere Meßwerte innerhalb fehlertoleranter Systeme behandelt.

Es ist klar, daß dieses Problem ohne Vorverarbeitung eine untere Schranke von $\Omega(n)$ hat, da ja alle Punkte zum Test herangezogen werden müssen. Interessanter wird es freilich, wenn eine Vorverarbeitung erlaubt ist. Dies wäre beispielsweise dann der Fall, wenn die Suchanfrage sehr häufig gestellt wird.

Gegeben:

Eine fest gegebene Menge $P = \{p_1, \ldots, p_n\}$ von Punkten im $\mathbb{R}^2$.

Gesucht:

Der nächste Punkt aus der Menge P zu einem beliebig gegebenen Punkt q mit Vorverarbeitung.

Verwendet man anstelle des Euklidischen Abstandsmaßes die Manhattan-Norm, so ist diese Aufgabe auch als *Post Office Problem* bekannt ('Suche in einer fremden Stadt das nächste Postamt...').

Satz:

Bei einer Vorverarbeitung mit $T_{max}(n) = O(n \log n)$ ist das Finden des nächsten Nachbarn aus einer Punktmenge mit n Punkten in $T_{max}(n) = O(\log n)$ möglich.

Algorithmus: Nächsten Nachbar (Shamos)

(1) Ermittle das Voronoi-Diagramm $V(A)$ zu der gegebenen Menge A von Punkten.

(2) Löse das Punktlokalisations-Problem für $V(A)$ und den gegebenen Testpunkt p, z.B. mit Kirkpatricks Triangulationsmethode als Basis.

Hier werden die Voronoi-Gebiete, die ja eine vollständige (wenn auch nicht trianguläre) Partition der Ebene bilden, als Eingabe-Polygone für den Kirkpatrick-Algorithmus verwendet.

Die Suchanfrage innerhalb des Algorithmus ist in diesem Fall optimal, da die allgemeine Suchanfrage mit $T_{max} = \Omega(\log n)$ darauf abgebildet werden kann.

Vorverarbeitung	
Voronoi-Diagramm ermitteln:	$O(n \log n)$
Punktanfrage	
Nächster Nachbar (Kirkpatrick):	$O(\log n)$
Insgesamt:	$O(n \log n)$

6.3.1 Lösung über Zellraster

Man kann vermuten, daß die Anwendung von Zellrasterverfahren auch günstig für die Bestimmung der nächsten Nachbarn von Punkten ist. Wie eine genauere, hier allerdings nicht im Detail ausgeführte Analyse zeigt, ist dies jedoch nicht der Fall. Denn selbst dann, wenn die n gegebenen Punkte statistisch verteilt im Zellraster liegen (bei dynamischen Problemen), müssen bei der Bestimmung des nächsten Nachbarn zu einem Anfragepunkt im Mittel $T_{mittel}(n) = O(n)$ Nachbarzellen aufgesucht werden.

Der Grund dafür liegt darin, daß der nächste Nachbar zu einem Punkt nicht unbedingt in derselben Zelle, sondern beliebig weit entfernt in einer anderen Zelle liegen kann und dies sich auch auf die mittlere Zahl der zu bestimmenden Nachbarzellen so auswirkt, daß $O(n)$ Zellen zu besuchen sind.

6.4 Minimale Punktepaare

Aufwendiger wird das Vorgehen, wenn statt einem nächsten Nachbarn zu jedem Punkt der Punktmenge der jeweils nächste Nachbar bestimmt werden muß (*all closest pair problem*). Dies wird nötig, um beispielsweise das Punktepaar mit minimalem Abstand zu ermitteln. Solche Probleme treten z.B. bei der Flugsicherheit auf (siehe [PS90]), wenn das Paar von Flugzeugen mit größter Kollisionsgefahr ermittelt werden muß.

Gegeben:

Eine Menge $P = \{p_1, \ldots, p_n\}$ von Punkten im $\mathbb{R}^2$.

Gesucht:

Zu jedem Punkt der jeweils nächste Nachbar aus P.

Satz:

Die Bestimmung aller nächsten Nachbarn der Punktmenge P mit n Punkten beansprucht $T_{max}(n) = O(n \log n)$.

Durch Angabe eines Algorithmus unter Verwendung des Voronoi-Diagrammes von P kann die obere Schranke bewiesen werden:

Algorithmus: Alle nächsten Nachbarn (Shamos, 1975)

(1) *Bestimme das Voronoi-Diagramm.*

(2) *for $i := 1$ to n do begin*
    Bestimme eine Kante des Voronoi-Gebietes $G(\{p_i\}, P)$,
        von der p_i minimalen Abstand hat;
    Gebe (p_i, p_j) aus, wobei $G(\{p_j\}, P)$ das zweite
        an die oben bestimmte Kante grenzende Voronoi-Gebiet ist;
end;

Ein Voronoi-Diagramm mit n Punkten im $\mathbb{R}^2$ hat $O(n)$ Voronoi-Kanten (was sich mit Hilfe eines dualen Graphen und der Euler-Formel zeigen läßt). Jede dieser Kanten wird in Teilschritt (2) höchstens zweimal untersucht. Daher läßt sich die Anweisung mit $T_{max}(n) = O(n)$ abschätzen.

Satz:

Die Bestimmung aller minimalen Punktepaare aus n Punkten benötigt mindestens die Zeit $T_{max}(n) = \Theta(n \log n)$.

Um diesen Satz zu beweisen, wird das bereits vorgestellte Problem der Elementeindeutigkeit herangezogen.

Beweis:

Die Bestimmung aller nächsten Nachbarn kann in $O(n)$ auf das Problem der Elementeindeutigkeit transformiert werden, da die Bestimmung von Punkten mit gleicher Position über Voronoi-Diagramme möglich ist. Zur Lösung dieses Problems ist ein Zeitaufwand $T_{max}(n) = O(n \log n)$ nötig, und folglich ist der Algorithmus optimal. □

6.5 Minimaler spannender Baum

Eines der Grundprobleme der Graphentheorie ist das Finden des kleinsten aufspannenden Teilbaumes.

Gegeben:

Ein Graph G mit n Knoten und e gewichteten Kanten.

Gesucht:

Der kleinste Teilbaum (im Sinne der Gesamtsumme der darin enthaltenen Kantengewichte) von G, der alle Knoten erreicht.

Es gibt verschiedene Algorithmen, die das Problem in polynomieller Zeit lösen (siehe [PS90]). Komplizierter wird es allerdings, wenn statt des Graphen nur eine Punktmenge mit n Punkten vorgegeben wird und ein Baum konstruiert werden soll, der alle Punkte mit insgesamt minimaler Kantenlänge verbindet.

Gegeben:

Eine Punktmenge P mit n Punkten.

Gesucht:

Der kleinste Baum (im Sinne der Gesamtlänge aller darin vorkommenden Kanten), der alle Punkte enthält. Es wird die Euklidische Metrik verwendet.

Dieses Problem entspräche der obigen Aufgabe in dem Fall, in dem G ein vollständiger Graph ist, der jeden Knoten mit allen anderen verbindet und dessen Kantengewichte den Abstand der Knoten repräsentieren. Ein Algorithmus auf der Basis eines solchen Graphen hat eine Zeitkomplexität von $O(n^2)$, da ja n^2 Kanten existieren, die alle in den Prozeß mit einbezogen werden müssen.

Einfacher geht es, wenn man jeweils das Punktepaar mit geringstem Abstand sucht, dessen Verbindungskante noch nicht im Baum enthalten ist. Diese Kante wird eingefügt, wenn sich kein Zyklus bildet. In diesem Fall hat der Algorithmus den Zeitaufwand $T_{max}(n) = O(n \log n)$, wie bereits in Abschnitt 6.4 gezeigt wurde.

Satz:

Der Euklidische minimale spannende Baum einer Punktmenge kann in der Zeit $T_{max}(n) = O(n \log n)$ bestimmt werden, und das ist optimal.

Beweis:

Für die noch fehlende untere Schranke lösen wir das Sortierproblem mit der Herstellung eines Euklidisch minimal spannenden Baums. Seien $x_1, ..., x_n$ die zu sortierenden Zahlen, so werden diese auf die Gerade $y = 0$ projiziert, und der minimale spannende Baum wird ermittelt. Das Ablaufen der Kanten des Baumes impliziert die Sortierreihenfolge. □

7 Triangulationsaufgaben

Eine Anwendung von Hüllobjekten war die Approximation komplizierter Geometrien durch einfache, z.B. für Kollisionserkennung oder Schnittberechnung. Diese „Vereinfachung" ist oftmals das Motiv, Objekte zu zerlegen. In geeigneten Fällen (z.B. bei der Verwendung von Spezialhardware) ist die vielfache Ausführung von Operationen auf einfachen Objekten wie etwa Dreiecken schneller als die einmalige auf einem komplexen Objekt, wie z.B. einem Polygon.

So existieren beispielsweise im Bereich Bilderzeugung Systeme, die Körper mit komplizierten parametrisierten Flächen in Patches (Stückchen - in diesem Falle Dreiecke oder einfache Polygone) zerlegen, um die Schattierung zu beschleunigen.

Gegeben:

Ein geometrisches Objekt, z.B. ein Polygon.

Gesucht:

Eine Zerlegung des Objekts in einfachere Objekte, die bestimmte Kriterien, wie etwa Minimal-Kriterien, erfüllen.

Hierbei sind Minimal-Kriterien in der Regel sehr schwer zu erfüllen, da man häufig NP-vollständige Probleme erhält. Ein solches entsteht z.B. bei der Zerlegung von Polygonen in eine minimale Zahl von Dreiecken unter Verwendung von Zusatzpunkten (*Steiner-Punkte*).

7.1 Triangulation von Polygonen

Wie oben schon angedeutet, ist es oftmals erwünscht, komplizierte geometrische Objekte zu zerlegen. So sind beispielsweise gängige Hardwareplattformen für Graphikausgaben auf Polygone mit drei oder vier Eckpunkten optimiert. Durch Pipelines und Parallelverarbeitung können solche Objekte um Größenordnungen schneller bearbeitet werden als Polygone mit größerer Punktanzahl. Zur Ausgabe komplexer Polygone ist also eine Zerlegung wünschenswert.

Gegeben:

Ein einfaches Polygon, evtl. auch mit Löchern.

Gesucht:

Eine Zerlegung des Polygons in Dreiecke ohne Hinzufügen neuer Punkte.

Für konvexe Polygone ist das Problem trivial. Hier kann man sich einen beliebigen Eckpunkt heraussuchen und alle anderen Eckpunkte des Polygons mit diesem Punkt verbinden.

Anders sieht es jedoch für monotone oder einfache Polygone aus. Hier stellt sich die Frage, ob die Anzahl der entstehenden Dreiecke zu minimieren ist. Bei genauerem Hinsehen sieht man jedoch, daß die Triangulation eines einfachen Polygons mit n Kanten stets genau $n-2$ Dreiecke liefert.

Dieses Resultat ergibt sich aus der Euler-Formel oder induktiv: Ein Polygon mit n Kanten wird durch eine Triangulationskante in zwei Polygone mit $n-k+1$ und $k+1$ Kanten zerlegt. Diese beiden Polygone liefern nach Induktionshypothese $n-k+1-2$ und $k+1-2$ Dreiecke, insgesamt also $n-2$, wie gezeigt werden sollte.

7.1.1 Triangulation monotoner Polygone

Die Motivation für die Betrachtung dieser Klasse von Polygonen ist deren Vorzugsrichtung, bzgl. derer auch ein einfacher Triangulationsvorgang möglich wird.

Definition: Monotones Polygon

Ein Polygon heißt monoton, wenn es eine (vorgegebene) Richtung bzw. Gerade gibt, so daß das Polygon vollständig in zwei monotone Ketten bzgl. dieser Geraden zerlegbar ist.

Satz:

Monotone Polygone können in der Zeit $T_{max}(n) = O(n)$ trianguliert werden.

Der Beweis erfolgt wieder durch die Angabe eines Algorithmus. Als erstes werden die Eckpunkte des Polygons nach aufsteigender x-Koordinate sortiert und als Folge $(u_1, u_2, ..., u_n)$ abgelegt.

Da das Polygon aus zwei monotonen Ketten besteht, kann dieser Schritt über Merge-Sort in $T_{max}(n) = O(n)$ erfolgen. Die sortierten Eckpunkte P werden nun der Reihe nach abgearbeitet, wobei ein zusätzlicher Stack verwendet wird. Das dazu verwendete Prädikat *Nachbar*(u, v) ist erfüllt, wenn u und v durch eine Kante verbunden sind. Mit $(e_1, e_2, .., e_i)$ werden im folgenden die Elemente des Stacks beschrieben, (e_i) ist das oberste Element.

Algorithmus: Triangulation monotoner Polygone

```
begin
    (* Initialisierung *)
    Lege ersten und zweiten Punkt aus P auf den Stack;
    u :=dritter Punkt in P;
    while ¬(Nachbar(u, e_1)∧ Nachbar(u, e_i)) do begin
      if (Nachbar(u, e_1) ∧ ¬Nachbar(u, e_i))
        then begin
          Füge Kanten ue_1, ..., ue_i ein;
          Ersetze Stackinhalt durch e_i, u;
          u :=Nachfolger(u) in P;
        end;
      else
        begin
          if (i > 1) ∧ ((e_{i-1}e_iu) ist konvexe Ecke)
            then begin
              (* Fall 2a *)
              Füge Kante ue_{i-1} ein;
              Lösche e_i im Stack;
            end;
          else
            begin
              (* Fall 2b *)
              Lege u auf den Stack;
              u :=Nachfolger(u) in P;
            end;
        end;
    end; (* while *)
    (* Fall 3 : Nachbar(u, e_1)∧ Nachbar(u, e_i) *)
    Füge Kanten ue_2, ..., ue_{i-1} ein;
end;
```

Der Algorithmus beinhaltet zwei getrennte Vorgänge. Auf dem Stack werden alle konvexen Ecken abgeschnitten, so daß eine Invarianzbedingung darin besteht, auf dem Stack nur nichtkonvexe Ecken zu haben.

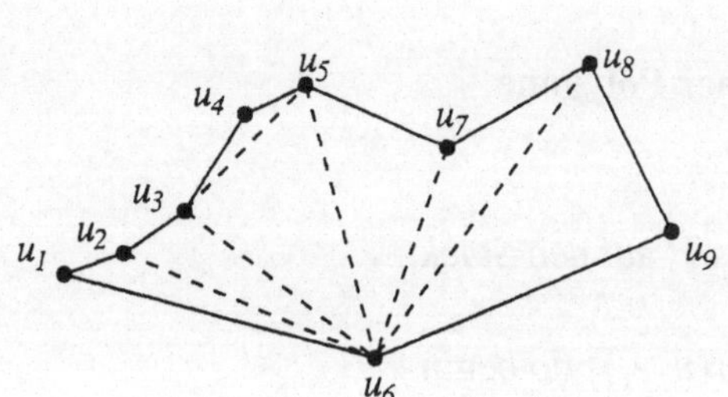

Stack	u	Fall
u_1, u_2	u_3	2b
u_1, u_2, u_3	u_4	2b
u_1, u_2, u_3, u_4	u_5	2a
u_1, u_2, u_3	u_5	2b
u_1, u_2, u_3, u_5	u_6	1
u_5, u_6	u_7	1
u_6, u_7	u_8	2a
u_6	u_8	3

Abbildung 7.1: Triangulation eines monotonen Polygons.

Abbildung 7.1 zeigt eine Triangulation eines bzgl. der x-Achse monotonen Polygons.

Findet man jedoch einen Nachbarn zu e_1, so werden durch Einfügen von Kanten und Abschneiden der Dreiecke alle Punkte auf dem Stack (bis auf den obersten) gelöscht.

7.1.2 Triangulation einfacher Polygone

Im folgenden werden drei Verfahren zur Triangulation einfacher Polygone vorgestellt. Alle drei Verfahren sind praktikabel, wobei sie unterschiedliche Zeitkomplexitäten besitzen.

7.1.2.1 Algorithmus von Garey, Johnson, Preparata, Tarjan

Dieser Algorithmus (siehe auch [GJPT78]) zerlegt das Polygon in einem ersten Schritt in monotone Teilpolygone. Diese werden dann einzeln trianguliert.

Die Zerlegung kann über ein spezialisiertes Sweep-Verfahren erreicht werden. Die Sweep-Line wird hierbei einmal in zunehmender und einmal in abnehmender x-Richtung über die Szene geschwenkt. Bei jedem Hinüberschwenken wird durch Einfügen von Kanten an bestimmten Stellen das Polygon so zerlegt, daß nur mehr monotone Teilpolygone bzgl. der x-Achse übrig bleiben (siehe Abbildung 7.2 und Abbildung 7.3).

Hierfür wird in die Y-Ordnung zusätzliche Information eingebracht: zwischen je zwei benachbarten Kanten wird angegeben, ob das dazwischenliegende Gebiet innerhalb oder außerhalb des Polygons liegt.

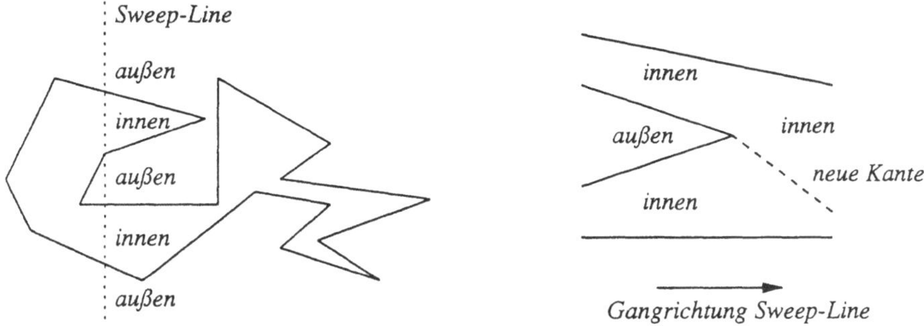

Abbildung 7.2: Monotone Zerlegung von Polygonen.

Da es sich um einfache Polygone handelt, hat man eine alternierende Folge von Innen- und Außengebieten in aufsteigender Y-Ordnung. An den Haltepunkten der Sweep-Line, an denen ein Außengebiet durch Zusammenlaufen zweier Kanten zu einem gemeinsamen Eckpunkt verschwindet, wird eine Kante von diesem Punkt zu dem in Gangrichtung nächsten Punkt des umschließenden Innengebietes gezogen. Dieses Vorgehen garantiert die Überkreuzungsfreiheit von Trennkanten und Polygonkanten.

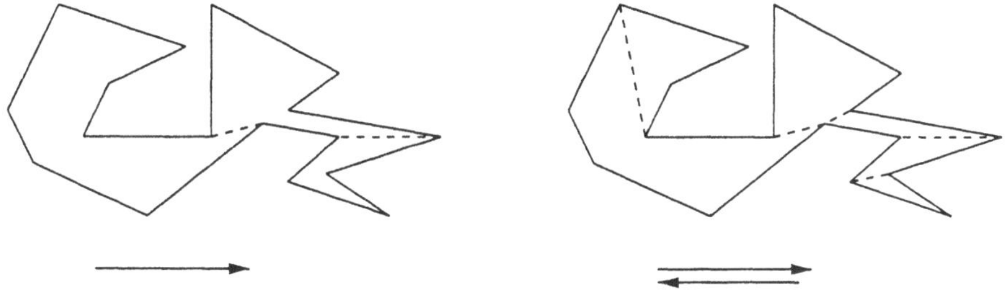

Abbildung 7.3: Neue Kanten bei der Zerlegung.

Die Zeitkomplexität des Sweep-Verfahrens ist $T_{max}(n) = O(n \log n)$, da keine Schnittpunkte aufgezählt werden müssen.

Sinnvoll wird der gesamte Algorithmus in dem Fall, in dem die Triangulation der monotonen Teilpolygone mit $T_{max}(n) = O(n)$ möglich ist. Ein solcher Algorithmus wurde im letzten Abschnitt vorgestellt. Werden beide Verfahren kombiniert, so ergibt sich eine Gesamtkomplexität von $T_{max}(n) = O(n \log n)$.

7.1.2.2 Algorithmus von Kong

Der Fall $2a$ (das Abschneiden eines Dreiecks) im Algorithmus zur Triangulation monotoner Polygone im letzten Abschnitt ist ein Mechanismus, der sich auch auf allgemeine einfache Polygone anwenden läßt.

Die Vorgehensweise könnte dann so aussehen, daß man im Polygon so lange geeignete benachbarte Kantenpaare aussucht und abschneidet, bis nur noch ein Dreieck übrig ist.

Freilich kann nur dann abgeschnitten werden, wenn das Dreieck, das aus dem Kantenpaar und der Verbindungskante zwischen den äußeren Punkten gebildet wird, keinen weiteren Eckpunkt des Polygons enthält. Da das gegebene Polygon einfach ist, wird es dann auch von keiner Kante durchschnitten.

Solche Kantenpaare bzw. die mit ihnen gebildeten Dreiecke werden im folgenden „Ohren" genannt. Sei $P = (x_1, x_2, ..., x_n)$ das als doppelt verkettete Liste gespeicherte Polygon. Die Liste R enthalte alle nicht konvexen Ecken des Polygons.

```
Funktion IstOhr (x)
begin
    if R = ∅
      then wahr;          (* P ist konvex *)
      else
        if x ist konvexe Ecke then
          if Inneres von △(pred(x), x, succ(x)) enthält keinen Punkt aus R
            then wahr;
            else falsch;
        else falsch;
end;
```

Wie oben erwähnt, werden nun so lange Ohren abgeschnitten, bis nur noch ein Dreieck übrig bleibt (siehe auch [Tou91, Mei75]). Aus dem anschließend aufgeführten Satz folgt, daß immer ein Ohr abgeschnitten werden kann.

Satz:

In einem einfachen Polygon mit mehr als drei Ecken existieren immer mindestens zwei disjunkte Ohren. Zwei Ohren sind disjunkt, wenn sie keine gemeinsame Kante haben.

Beweis:

Induktion über die Anzahl n der Eckpunkte. Der Satz gilt für Polygone mit $n = 4$. Wenn es sich um ein konvexes Viereck handelt, dann sind immer zwei disjunkte Ohren zu finden. Ansonsten sind mindestens drei Ecken konvex, und die an die nichtkonvexe Ecke angrenzenden Ecken sind disjunkte Ohren.

Der Satz gelte für alle Polygone mit bis zu n Ecken. Sei nun ein Polygon P mit $n+1$ Ecken gegeben. P hat mindestens drei konvexe Ecken; wähle eine davon aus.

1. Fall: Die Ecke ist ein Ohr.

   Das Ohr wird durch Abtrennen entfernt. Das Restpolygon hat nur noch n Ecken und daher nach der Induktionshypothese zwei disjunkte Ohren.

2. Fall: Die Ecke ist kein Ohr.

   Trenne das Polygon an dieser Ecke in zwei Teilpolygone auf, indem eine Kante vom Eckpunkt zum nächstliegenden Punkt in der Ecke gezogen wird. Jedes Teilpolygon hat höchstens n Ecken.

   (a) Ein Teilpolygon ist ein Dreieck $\rightarrow$ Fall 1.

   (b) Jedes Teilpolygon hat nach Induktionshypothese zwei disjunkte Ohren. Die Trennkante kann also jeweils nur zu einem Ohr gehören. Also müssen in P schon vor dem Zerlegen zwei disjunkte Ohren gewesen sein.

Damit ist die Aussage bewiesen. □

Der Trick des Algorithmus zum Ohrenabschneiden besteht darin, daß in einer Vorverarbeitung alle nichtkonvexen Eckpunkte bestimmt werden und, wie oben schon erwähnt, in R abgelegt werden. Zwar können in eine konvexe Ecke auch andere konvexe Ecken hineinragen, aber nur, wenn auch eine nichtkonvexe Ecke darin liegt. Daher ist es zulässig, zur Ohrenbestimmung nur die nichtkonvexen Eckpunkte abzuprüfen.

Algorithmus: Triangulation von Polygonen (Kong bzw. Toussaint)

begin

   $x := x_3$;

   while $x \neq x_1$ *do*

      if (IstOhr($pred(x)$)$\wedge$ P *ist* $\neg\triangle$)

         then begin

```
                Gib △(pred(pred(x)), pred(x), x) aus;
                Lösche pred(x) aus P;
                if (x ∈ R ∧ x nun konvexe Ecke)
                    then Lösche x aus R;
                if (pred(x) ∈ R ∧ pred(x) nun konvexe Ecke)
                    then Lösche pred(x) aus R;
                if (pred(x) = x1)
                    then x = succ(x);
            end;
        else
            x = succ(x);
    end;
end;
```

Der Algorithmus von Kong hat eine Komplexität von $O(|R|n)$, und somit ist $T_{max}(n) = O(n^2)$. Er ist besonders für Polygone mit einer geringen Anzahl nichtkonvexer Ecken geeignet.

Die kritische Operation ist der Ohrentest. Dieser kann mit Zellrastertechnik extrem beschleunigt werden: Lege über das Polygon ein $\sqrt{n} \times \sqrt{n}$-Zellraster und trage die nichtkonvexen Eckpunkte (Menge R) in die Zellen ein. Die im Objekt zu berücksichtigenden Punkte aus R findet man nun in den Zellen, in denen der Ohr-Kandidat liegt.

7.1.3 Triangulation mit Sweep-Verfahren und Sacktechnik

Im Gegensatz zur zweiteiligen Vorgehensweise beim Algorithmus von Garey, Johnson, Preparata und Tarjan können einfache Polygone und auch solche mit Löchern über ein Sweep-Verfahren in einem Durchgang trianguliert werden. Dazu muß die Y-Ordnung in folgender Weise ergänzt werden:

- Für jedes Intervall, also den Bereich zwischen zwei benachbarten Segmenten, ist bekannt, ob es Innen- oder Außengebiet des Polygons ist.
- Die nach links ausgedehnten Innen-Gebiete heißen „Sack“.
- Säcke werden immer dann durchtrianguliert und danach verkleinert, wenn ein neuer Eckpunkt rechts des letzten dazukommt.

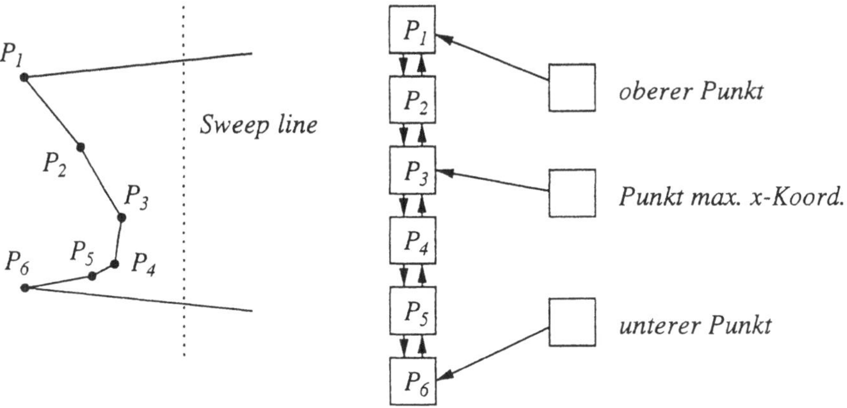

Abbildung 7.4: Datenstruktur für Sacktechnik.

Es gibt nur zwei Typen von Säcken: Säcke mit einer Spitze und solche mit zweien. Beim Sweep-Verfahren sind die folgenden fünf Operationen auszuführen.

7.1.3.1 Sackerweiterung

Der Sack wird durch einen neuen Punkt auf der Sweep-Line erweitert und wird von diesem Punkt aus soweit wie möglich durchtrianguliert (siehe Abbildung 7.5(a)).

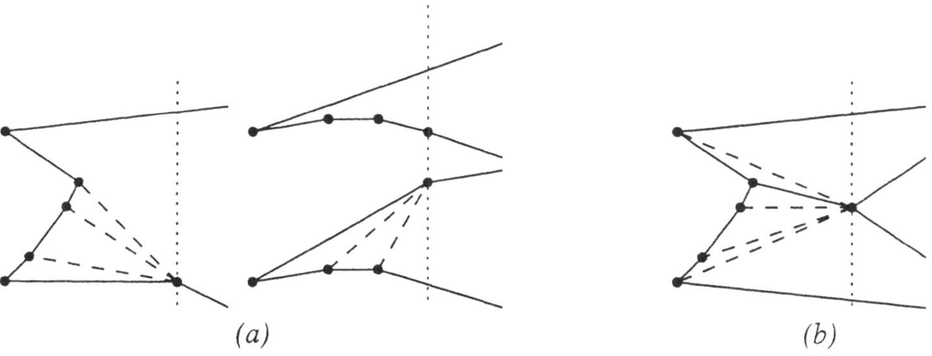

Abbildung 7.5: (a) Sackerweiterung; (b) Sackteilung.

7.1.3.2 Sackteilung

Auf der Sweep-Line erscheint eine nichtkonvexe Ecke, d.h. die Spitze eines Außengebietes des Polygons. Der neue Punkt wird mit dem Punkt maximaler x-Koordinate durch eine Triangulationskante verbunden. Die so entstehenden beiden Teilsäcke werden durchtrianguliert (siehe Abbildung 7.5(b)).

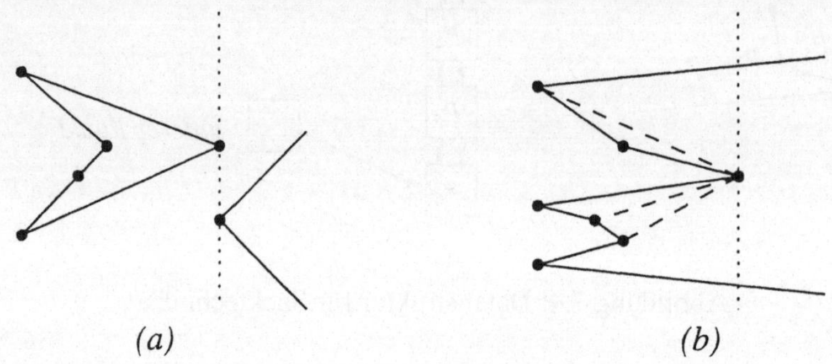

Abbildung 7.6: (a) Sackschließung und Sackbildung; (b) Sackvereinigung.

7.1.3.3 Sackschließung und -neubildung

Schließt der neue Punkt auf der Sweep-Line den Sack, kann dieser ganz durchtrianguliert werden. Erscheint ein konvexer Punkt auf der Sweep-Line, so wird ein neuer Sack angefangen (siehe Abbildung 7.6(a)).

7.1.3.4 Sackvereinigung

Werden durch den neuen Punkt auf der Sweep-Line zwei Säcke verbunden, so werden diese inkl. des neuen Punktes zuerst durchtrianguliert. Man erhält einen neuen Sack (siehe Abbildung 7.6(b)).

Satz:

Mit Sweep-Verfahren und Sacktechnik können einfache Polygone in $T_{max}(n) = O(n \log n)$ durchtrianguliert werden.

Beweis:

Das Sweep-Verfahren erfordert $T_{max}(n) = O(n \log n)$, da keine Schnittpunkte vorkommen. Der Zusatzaufwand für das Sack-Updating erfordert insgesamt $O(n)$, da er durch die Zahl der beim Triangulieren entstehenden Dreiecke $(n-2)$ bestimmt wird. □

Für monotone Polygone, in denen keine Säcke mit zwei Ecken vorkommen, verhält sich der Algorithmus ähnlich wie das besprochene Verfahren zur Triangulation monotoner Polygone und hat den Aufwand $O(n)$. In diesem Fall sind in der Y-Ordnung nur maximal zwei (d.h. $O(1)$) Segmente enthalten.

7.1.4 Zeitoptimale Triangulation einfacher Polygone

Das Problem der Triangulation einfacher Polygone ist bemerkenswert, da es nicht gelang, eine untere Schranke von $\Omega(n \log n)$ zu beweisen. Den Grund fand Chazelle im Jahre 1990 nach intensiven Forschungsbemühungen [Cha90].

Satz:

Einfache Polygone können in der Zeit $T_{max}(n) = O(n)$ trianguliert werden, und das ist optimal.

Der Beweis erfolgte durch Angabe eines ziemlich komplexen und zur Implementierung ungeeigneten Algorithmus, der hier nicht erläutert werden soll. Offen bleibt die Frage, ob es nicht auch einen einfachen Algorithmus gibt, der das Problem in linearer Zeit löst.

7.1.5 Triangulation von Sternpolygonen

Die obigen Algorithmen von Garey et al. und von Kong können natürlich auch auf Sternpolygone angewandt werden. Spezielle Verfahren nutzen jedoch die Stern-Eigenschaft aus, ohne den Kern berechnen zu müssen.

Eine sehr einfache Triangulationsmethode erhält man unter Zuhilfenahme eines weiteren Punktes. Man nimmt hierfür einen Sternpunkt (siehe 3.2). Hat man ihn gefunden (je nach Vorgaben in $O(n \log n)$ oder $O(n)$ bei n Eckpunkten), so kann von ihm aus eine Kante zu jedem Eckpunkt gezogen werden, und man erhält die gewünschte Triangulation.

7.2 Triangulation von Punktmengen

Eine weitere wichtige Zerlegungsaufgabe neben der oben beschriebenen Triangulation von Polygonen ist die Zerlegung der konvexen Hülle einer Punktmenge in Dreiecke, deren Eckpunkte mit den gegebenen Punkten übereinstimmen. Solche Zerlegungen werden z.B. in der Geodäsie benötigt, wenn Oberflächen aus gegebenen 3D-Meßpunkten erzeugt werden sollen (*scattered data problems*). Weitere Anwendungsgebiete sind Aufgaben im Umfeld von *Finite Elemente Methoden* (FEM). Auch hier ist man an bestimmten triangulären Zerlegungen interessiert.

Gegeben:

Punktmenge $P = \{p_1, \ldots, p_n\} \subset \mathbb{R}^2$.

Gesucht:

Eine Zerlegung der konvexen Hülle von $\{p_1, \ldots, p_n\}$ in Dreiecke, so daß die p_i Eckpunkte der Dreiecke sind. Dabei soll die Summe der Kantenlängen minimal und die Dreiecke sollen möglichst gleichschenkelig sein.

Für dieses Minimal-Problem existiert eine einfach herstellbare Lösung, die die bereits angesprochenen Voronoi-Diagramme verwendet. Hierbei geht man folgendermaßen vor:

1. Bestimme das Voronoi-Diagramm von $p_1, \ldots, p_n$.
2. Bestimme die duale Zerlegung des Voronoi-Diagrammes.
   Hierbei werden zwischen all den Punktepaaren Verbindungskanten gezogen, die eine gemeinsame Kante im Voronoi-Diagramm besitzen.

Die hiermit erhaltene Triangulation wird Delaunay-Triangulation genannt. Ein Beispiel ist in Abbildung 7.7(a) zu sehen.

Daß die duale Zerlegung des Voronoi-Diagrammes eine Triangulation der gegebenen Punktmenge ist, bewies Delaunay 1934 (siehe [Del34]). Allerdings dürfen hierbei keine Voronoi-Punkte mit Grad > 3 vorkommen (siehe Abbildung 7.7(b)). Geschieht dies, so müssen die in der dualen Zerlegung entstehenden Polygone nachträglich trianguliert werden.

Eine Delaunay-Triangulation liefert im Mittel fast gleichschenkelige Dreiecke, ist aber nicht notwendigerweise minimal in der Gesamtkantenlänge. Analog zur Zerlegung von Polygonen kann man auch hier zeigen:

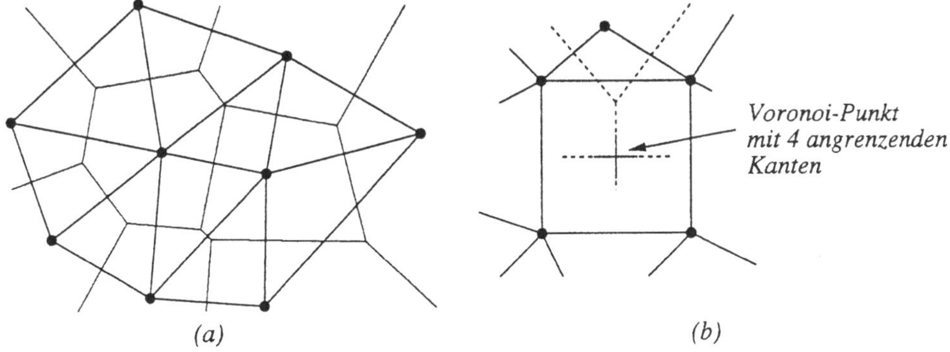

Abbildung 7.7: (a) Delaunay-Triangulation; (b) Voronoi-Punkt mit Grad 4.

Satz:

Jede Triangulation einer Punktmenge mit n Punkten und k Eckpunkten in der konvexen Hülle hat die gleiche Zahl von Dreiecken, somit auch die Delaunay-Triangulation.

Beweis:

Nach dem Satz von Euler (siehe Abschnitt 3.5.4.1) gilt

$$v - \frac{1}{3}e = 2$$

für Triangulationen in der Ebene. Bettet man die zu zerlegende konvexe Hülle in ein Dreieck ein, so kann der Satz angewandt werden. Die hierbei hinzukommenden Dreiecke sind nur vom Hüllenpolygon abhängig und nicht von der Triangulation.

In der Triangulation selbst ist die Zahl der Kanten durch $v = n{+}3$ fest vorgegeben, also auch die Zahl der Dreiecke in der konvexen Hülle:

$$v - 2 = n + 1 = \frac{1}{3}(3 + 3 + k + e').$$

□

Um nun die Optimalität in bezug auf die „Gleichschenkeligkeit“ der Dreiecke näher zu definieren, wird das globale Umkreiskriterium eingeführt, eine Eigenschaft, die eine Triangulation als optimal kennzeichnet und die für die Delaunay-Triangulation gilt (siehe [HL89]).

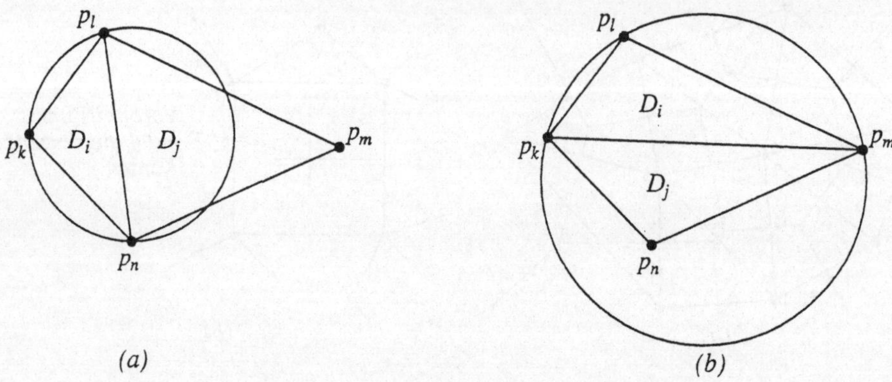

Abbildung 7.8: Lokales Umkreiskriterium.

Definition: Lokales Umkreiskriterium

Das lokale Umkreiskriterium für ein Dreieck D innerhalb der Punktmenge P gilt, wenn im Umkreis von D keine Punkte von P außer den Eckpunkten von D liegen.

In Abbildung 7.8(a) wird das Kriterium für beide Dreiecke D_i, D_j erfüllt, in Abbildung 7.8(b) für D_i jedoch nicht.

Gilt das lokale Umkreiskriterium für alle Dreiecke einer Triangulation, so ist das globale Umkreiskriterium erfüllt.

7.2.0.1 Probabilistische Verfahren

In Hinblick auf diese Definition ergibt sich eine Alternative zur Erzeugung optimaler Triangulationen, die keine Voronoi-Diagramme benötigt.

Ausgehend von der gegebenen Punktmenge werden Dreiecke erzeugt und bei Verletzung des lokalen Umkreiskriteriums für ein Dreieck D_i (in Abbildung 7.8(b)) die Kante $\overline{p_k p_m}$ gelöscht und die Kante $\overline{p_l p_n}$ eingefügt.

Algorithmus: Randomisierte Delaunay-Triangulation nach Guibas, [GKS92]

Bilde $\triangle_0$ *als Dreieck, das alle Punkte aus* P *enthält*
(Ausgangstriangulation)
Berechne eine Permutation $p_1, ..., p_n$ *der Punkte aus* P
for $i := 1$ *to* n *do*
    Finde ein Dreieck $\triangle_j$ *in der aktuellen Triangulation, das* p_i *enthält.*

Ersetze $\triangle_i$ durch drei Dreiecke, die p_i mit den Eckpunkten von $\triangle_j$ verbinden.
Bilde aus der Triangulation eine Delaunay-Triangulation über Umklappen von Kanten
end

Die Zeitkomplexität der Algorithmen dieses Schemas hat einen Erwartungswert von $T_{wc}(n) = O(n \log n)$ (siehe [dB95b]).

Dieser Erwartungswert hat allerdings nichts mit der vorgegebenen Punktmenge zu tun, sondern gilt in Hinblick auf die vorgenommene Permutation.

Eine Variante des Algorithmus findet sich in [Dev92], die auch innerhalb der Programmbibliothek LEDA (siehe auch [MN95]) verwendet wird.

In [EM94] findet sich eine Erweiterung auf den dreidimensionalen Fall. Hier werden nicht Kanten umgeklappt, sondern Kanten durch Dreiecke ersetzt und umgekehrt. Allerdings gilt hier eine höhere untere Schranke für die Zeitkomplexität aufgrund der überlinear steigenden Kantenanzahl für Delaunay-Triangulationen höherer Dimensionen.

Ein probabilistischer Algorithmus unter Benutzung von Simulated Annealing (siehe [Sho93]) bearbeitet und optimiert auf ähnliche Weise bestehende Triangulationen mit geringem algorithmischen und auch zeitlichen Aufwand. Allerdings erhält man hier nicht immer eine Delaunay-Triangulierung.

Literaturverzeichnis

[AH77] K. Appel und W. Haken. *Every map is four colorable*. Illinois Journal of Mathematics, 21(3), 1977.

[Ath81] P. Atherton. *A Method of Interactive Visualization of CAD Surface Models in a Color Video Display*. Computer Graphics, 15(3):279–287, 1981.

[BFK84] W. Böhm, G. Farin und J. Kahmann. *A survey of curve and surface methods in CAGD.* Computer Aided Geometric Design, (7), 1984.

[BFP86] K. Booth, D. Forsey und A. Paeth. *Hardware Assistance for z-Buffer Visible Surface Algorithms*. IEEE Computer Graphics & Applications, 6(11):31–39, 1986.

[BO79] J. Bentley und T. Ottmann. *Algorithms for Reporting and Counting Geometric Intersection.* IEEE Transactions on Computers, (C-28):643, 1979.

[BO83] M. Ben-Or. *Lower Bounds for Algebraic Computation Trees*. In: Proc. 15th ACM Annual Symp. on Theory of Comput., S. 80–86, 1983.

[BP94] W. Böhm und H. Prautzsch. *Geometric Concepts for Geometric Design.* A.K. Peters, Wellesley Mass., 1994.

[Cat74] E. Catmull. *A Subdivision Algorithm for Computer Display of Curved Surfaces.* Dissertation, University of Utah, Salt Lake City, 1974.

[Cha84] B. Chazelle. *Intersecting is easier than Sorting*. ACM Symposium on Theoretical Computer Science, (16), 1984.

[Cha90] B. Chazelle. *Triangulating a simple polygon in linear time*. 31. Annual symposion of the foundation of computer science IEEE, S. 220–230, 1990.

[Cro84] G. Crocker. *Invisible coherence for faster scan-line hidden-surface algorithm.* Computer Graphics, 18(3):95–102, 1984.

[dB95a] M. de Berg. *Trends and Developments in Computational Geometry.* In: Eurographics '95 Star reports, 1995.

[dB95b] M. de Berg. *Trends and developments in computational geometry.* In: R. C. Veltkamp, Hrsg., Eurographics '95 State of the art reports. Eurographics, 1995.

[Del34] B. Delaunay. *Sur la sphère vide.* Bull. Acad. Sci. USSR - Classe Sci. Mat. Nat., (7):793–800, 1934.

[Dév86] F. Dévai. *Quadric Bounds for Hidden-Line Elimination.* Proc. 2nd ACM Symp. on Comput. Geometry, S. 269–275, 1986.

[Dev92] O. Devillers. *Robust and efficient implementation of the delaunay tree.* Interner Bericht, INRIA, 1992.

[Dob78] W. Dobosiewicz. *Sorting by Distributive Partitioning.* Information Processing Letters, (7), 1978.

[EM94] H. Edelsbrunner und E.P. Mücke. *Three dimensional Alpha Shapes.* ACM Transactions on Graphics, 13(1):43–72, 1994.

[Far88] G. Farin. *Curves and surfaces for CAGD.* Academic Press, 1988.

[FvDFH82] J. Foley, A. van Dam, S. Feiner und J. Hughes. *Computer Graphics: Principles and Practice.* Addison-Wesley Publ. Company, 1982.

[GJPT78] M.R. Garey, D.S. Johnson, F.P. Preparata und R.E. Tarjan. *Triangulation a Simple Polygon.* Information Processing Letters, (7):175, 1978.

[GKS92] L. Guibas, D. Knuth und M. Sharir. *Randomized incremental construction of Delaunay and Voronoi diagrams.* Algorithmica, (7):381–413, 1992.

[HL89] J. Hoschek und D. Lasser. *Grundzüge der geometrischen Datenverarbeitung.* Teubner, Stuttgart, 1. Auflage, 1989.

[HMRT86] K. Hoffmann, K. Mehlhorn, P. Rosenstiehl und R. Tarjan. *Sorting Jordan Sequences in Linear Time using Level-Linked Search Trees.* Information and Control, 68:170–184, 1986.

[M88] H. Müller. *Realistische Computergraphik: Algorithmen, Datenstrukturen und Maschinen.* Informatik Fachberichte 163, 1988.

[Mä88] M. Mäntylä. *An introduction to solid modeling.* Computer Science Press, Rockville, Maryland 20850, 6. Auflage, 1988.

[Man89] U. Manber. *Introduction to Algorithms, A Creative Approach.* Addison-Wesley Publ. Company, 1989.

[McK87] M. McKenna. *Worst-Case Optimal Hidden Surface Removal.* ACM Transactions on Graphics, (6):19–28, 1987.

[Meg82] N. Megiddo. *Linear-Time Algorithms for Linear Programming and Related Problems.* IEEE Conference on Foundations of Computer Science, (23), 1982.

[Mei75] G.H. Meisters. *Polygons have ears.* Am. Math. Monthly, (82):648–651, 1975.

[MN95] K. Mehlhorn und S. Näher. *LEDA, a plattform for combinatorial and geometric computing.* Communications of the ACM, 38(1):96–102, 1995.

[Mye75] A. Myers. *An Efficient Visible Surface Program.* Interner Bericht, National Science Foundation, Computer Graphics Research Group, Ohio State University, Columbus, OH, 1975.

[NNS72] M. Newell, R. Newell und T.L. Sancha. *A Solution to Hidden Surface Problem.* In: Proceedings of the ACM National Conference, S. 443–450, 1972.

[OW93] T. Ottmann und P. Widmayer. *Algorithmen und Datenstrukturen.* BI Wissenschaftsverlag, Mannheim, 2. Auflage, 1993.

[PS90] F. Preparata und M. Shamos. *Computational geometry.* Springer-Verlag New York, 175 Fifth Avenue, New York, New York 10010, USA, 3. Auflage, 1990.

[RR86] J. Rossignac und A. Requicha. *Depth-Buffering Display Techniques for Constructive Solid Geometry.* IEEE Computer Graphics & Applications, 6(9):29–39, 1986.

[Sch81] A. Schmitt. *Time and Space Bounds for Hidden Line and Hidden Surface*. In: Proc. Eurographics'81, S. 43–56. North-Holland Publishing Company, 1981.

[Sch82a] A. Schmitt. *On the Computational Power of the Floor Function*. Information Processing Letters, (14), 1982.

[Sch82b] A. Schmitt. *Reporting Geometric Inclusions with an Application to the Hidden Line Problem*. In: Proceedings of the 7th Conference on Graphictheoretic Concepts in Computer Sciences. Hanser Verlag, München, 1982.

[Sch83] A. Schmitt. *On the Number of Relational Operators necessary to compute certain Functions of real Variables*. Acta Informatica, (19), 1983.

[SH75] M. Shamos und D. Hoey. *Closest-Point Problems*. IEEE Conference on Foundations of Computer Science, (16), 1975.

[SH76] M. Shamos und D. Hoey. *Geometric Intersection Problems*. IEEE Conference on Foundations of Computer Science, (17), 1976.

[Sha75] M. Shamos. *Geometric Complexity*. ACM Symposium on Theoretical Computer Science, (7), 1975.

[Sho93] L. Shoemaker. *Computing optimal Triangulations Using Simulated Annealing*. Computer Aided Geometric Design, 10(3-4):329–345, 1993.

[Tou91] G. Toussaint. *Efficient triangulation of simple polygons*. The Visual Computer, (7):280–294, 1991.

[Wel91] E. Welzl. *Smallest enclosing disks (balls and ellipsoids*. In: H. Maurer, Hrsg., New Results and Trends in Computer Science, S. 359–370. 1991.

Index